大数据驱动的场地污染协同防治技术与实践

黄国鑫　王夏晖　陈　坚等　著

U0287547

科　学　出　版　社

北　京

内 容 简 介

　　本书以提高生态环境管理数字化、精准化、智能化、高效化水平为导向，以探索研究场地土壤和地下水污染协同防治为目的，以区域和地块两个研究尺度为重点，基于多源异构时空数据，借助大数据技术优势，在分析国内外研究进展基础上，先后研发了脆弱性分析、污染源解析、风险区划、空间管制、风险评价、风险诊断、风险管控、可视化表达等方面的技术、方法、模型、系统、策略和平台，并进行了应用实践。

　　本书可供从事环境科学与工程、地下水科学与工程、计算机科学与技术、大数据技术与应用、人工智能等领域的广大科技工作者、工程技术人员，以及相关院校师生参考。

审图号：GS 京（2024）1177 号

图书在版编目（CIP）数据

大数据驱动的场地污染协同防治技术与实践／黄国鑫等著 . —北京：科学出版社，2024. 5
ISBN 978-7-03-077083-7

Ⅰ . ①大… Ⅱ . ①黄… Ⅲ . ①环境污染–污染防治 Ⅳ . ①X5

中国国家版本馆 CIP 数据核字（2023）第 219127 号

责任编辑：李晓娟／责任校对：樊雅琼
责任印制：徐晓晨／封面设计：无极书装

科 学 出 版 社 出版
北京东黄城根北街 16 号
邮政编码：100717
http://www.sciencep.com
北京建宏印刷有限公司印刷
科学出版社发行 各地新华书店经销

*

2024 年 5 月第 一 版 开本：787×1092 1/16
2024 年 5 月第一次印刷 印张：14 1/4
字数：250 000
定价：188.00 元
（如有印装质量问题，我社负责调换）

本书撰写委员会

主　笔　黄国鑫

副主笔　王夏晖　陈　坚　牛浩博　殷乐宜

　　　　　李　璐　赵　航

成　员　(按姓名笔画排序)

　　　　　王一鹏　田　梓　边浩博　毕二平

　　　　　朱守信　刘　玲　刘勇俊　刘　菲

　　　　　孙启维　李韦钰　杨丽虎　张秋垒

　　　　　张　涛　陈　涤　罗锡明　钱江波

　　　　　徐瑞颖　崔释文　谢月清　廖　磊

　　　　　魏　楠

前　言

随着我国经济社会的快速发展，场地污染已成为影响生态环境、农产品质量安全、人体健康和经济社会发展稳定的问题，引起了政府和民众的广泛关注。自 2016 年国务院印发《土壤污染防治行动计划》以来，我国提出了"土壤和地下水污染风险管控""土壤和地下水污染协同防治"为主的场地环境管理总体策略。开展场地土壤和地下水污染协同防治研究，对我国构建新发展格局、推动高质量发展、全面建成社会主义现代化强国、以中国式现代化全面推进中华民族伟大复兴、建设人与自然和谐共生的美丽中国，具有重要的现实意义和深远的战略意义。

大数据可实现从数据向信息、从粗放向精细、从孤立向关联、从静态向动态、从滞后向实时、从机械向智能、从抽象向可视、从主观向客观、从被动向主动的转变，有望解决现有传统多尺度场地污染识别、风险评价、风险管控、可视化表达和决策支持等方面面临的诸多技术问题，有望提高场地污染防治的数字化、精准化、智能化、高效化水平，有望拓展生态环境大数据的应用领域。在此背景下，作者立足于区域和地块两个尺度，借助大数据技术优势，以场地土壤和地下水污染协同防治为重点开展了多年研发与实践，提出了脆弱性分析、污染源解析、风险区划、空间管制、风险评价、风险诊断、风险管控、可视化表达等方面的技术、方法、模型、系统、策略和平台，厘清了场地污染协同防治的大数据驱动原理机理，以期为我国场地污染防治提供科学依据和理论基础。本书即在上述研究成果基础上撰写而成。

全书共 13 章，第 1 章重点分析研究背景与意义、国内外研究进展。第 2~6 章围绕区域尺度分别重点介绍地下水脆弱性、土壤污染与工业企业空间相关关系、土壤重金属污染贡献因子识别、土壤重金属污染风险区划分、在产企业空间布局调整有关技术和方法。第 7~11 章围绕地块尺度分别重点介绍场地土壤和地下水污染风险评价、地下水污染动态风险评价、土壤和地下水污染风险诊断智能预测、污染风险管控和修复方案推荐、土壤和地下水污染风险管理有关方法、模型、系统和策略。第 12 章重点介绍场地污染风险管控可视化决策支持有关平台。第 13 章总结本书主要结论，提出大数据驱动场地污染协同防治的未来展望。

本书写作分工如下：第 1 章，孙启维、黄国鑫、田梓、王夏晖、崔释文；第 2 章，张涛、黄国鑫、陈坚、李璐、边浩博；第 3 章，朱守信、黄国鑫、张秋垒、王夏晖；第 4 章，黄国鑫、王夏晖、陈涤、王一鹏、朱守信、张涛、廖磊、田梓、魏楠；第 5 章，陈涤、王夏晖、罗锡明、黄国鑫、田梓、李韦钰、刘菲；第 6 章，黄国鑫、张涛、王夏晖、牛浩博；第 7 章，牛浩博、徐瑞颖、陈坚、黄国鑫、殷乐宜；第 8 章，殷乐宜、黄国鑫、牛浩博、陈坚、谢月清、杨丽虎、刘玲；第 9 章，陈坚、刘勇俊、黄国鑫、赵航；第 10 章，张秋垒、黄国鑫、王夏晖、毕二平；第 11 章，赵航、黄国鑫、田梓、陈坚、孙启维、钱江波；第 12 章，王夏晖、张秋垒、黄国鑫、朱守信、刘勇俊；第 13 章，李璐、黄国鑫。全书结构由黄国鑫拟定，黄国鑫和陈坚完成全书统稿。此外，本书还参考了其他单位和学者的研究成果，均已在参考文献中列出，在此表示感谢。

囿于时间和作者水平，书中难免有疏漏与不当之处，敬请广大读者批评指正。

黄国鑫

2023 年 8 月 16 日

目　　录

第1章 | 绪 论

我国场地土壤和地下水污染严重影响生态环境质量、农产品安全、人体健康和经济社会发展，已成为构建新发展格局、推动高质量发展、全面建成社会主义现代化强国、以中国式现代化全面推进中华民族伟大复兴、实现人与自然和谐共生的重要制约因素，逐渐引起了政府和民众的关注。近年来，我国在充分汲取国外经验基础上，提出了以"风险管控"为主的场地污染管理总体策略。在现有基于风险管控的场地污染管理体系框架下，我国依然存在场地污染管理基础弱、底子薄、经验少、技术单一、科学性不足、主观决策强、不确定性大、智能化水平低、实际效果不高等管理和技术瓶颈，迫切需要解决。当前，随着现代信息技术的长足发展，人们思维方式逐渐转变，场地污染数据巨量增加，数据挖掘技术应用日益广泛，数据文化内涵渐进拓展，大数据有望解决场地污染风险管控面临的诸多问题。大数据驱动场地污染协同防治的基础理论、机理原理、技术方法和应用实践研究具有重要科学价值和现实意义，研究成果将为场地污染防治和生态环境安全提供科学依据和技术支持，同时为推动生态环境大数据的发展及其应用领域的拓展做出重要贡献。

1.1 研究背景与意义

1.1.1 我国场地污染现状与危害

自 2004 年北京宋家庄地铁站施工工人中毒事件以来，国内先后发生常州外国语学校环境污染事件、浙江长兴血铅中毒事件等多起群体事件，我国场地污染问题逐渐引起社会关注。2014 年，由环境保护部和国土资源部联合发布的《全国土壤污染状况调查公报》显示，全国土壤环境状况总体不容乐观，部分地区土壤污染较重，耕地土壤环境质量堪忧，工矿业废弃地土壤环境问题突出。在调查的81块工业废弃地的775个土壤点位中，超标点位占34.9%，主要污染物为锌、汞、铅、铬、砷和多环芳烃，主要涉及化工业、矿业、冶金业等行业。2022年，由生态环境部发布的《2021中国生态环境状况公报》显示，2021年，全国土壤环境风险得到基本管控，土壤污染加重趋势得到初步遏制。全国重点行业企业用地土壤污染风险不容忽视。"十三五"期间，我国对2万多个地块开展了土壤和地下水污染状况调查，将900多个地块列入建设用地土壤污染风险管控和修复名录，将1.5万余家企业纳入土壤污染重点监管单位，建立了全国土壤环境信息平台，投入了285亿元土壤污染防治专项资金（生态环境部等，2021）用于土壤和地下水污染风险管控。总体来看，当前，我国场地污染扩散趋势未得到有效控制，周边地下水环境质量恶化风险不可忽视，污染场地违规开发利用风险依然存在，修复过程中二次污染防治有待加强（生态环境部等，2021）。

遭受污染的表土容易在风力或水力作用下进入地表水和地下水，引发地表水和地下水污染、微生物多样性破坏、生态平衡失调等次生生态环境问题，还会造成农作物产量下降和品质降低（刘星等，2020）。更重要的是，土壤和地下水中重金属和有机物会通过农产品和水体的富集进入食物链，还会通过呼吸和皮肤接触直接入侵人体。人体长期接触重金属和有机物时，会对人体的皮肤、骨骼、心血管、神经系统和内脏器官等造成不同程度的危害甚至引发癌症（Huang et al., 2009；Li et al., 2006；Liu et al., 2006；Rubio et al., 2006；Castelli et al., 2005；文典等，2020；黄芸等，2016）。

1.1.2 我国高度重视场地污染防治

党中央、国务院高度重视场地污染防治工作。2016年5月28日，国务院印发实施《土壤污染防治行动计划》，提出了预防为主、保护优先、风险管控的总体要求，确定了"到2020年，全国土壤污染加重趋势得到初步遏制，土壤环境质量总体保持稳定，农用地和建设用地土壤环境安全得到基本保障，土壤环境风险得到基本管控。到2030年，全国土壤环境质量稳中向好，农用地和建设用地土壤环境安全得到有效保障，土壤环境风险得到全面管控。到本世纪中叶，土壤环境质量全面改善，生态系统实现良性循环"的工作目标。2017年 10 月 18～24 日，在北京召开的中国共产党第十九次全国代表大会，大会报告提到着力解决突出环境问题，强化土壤污染管控和修复。2018 年 5 月 18～19 日，在北京召开的全国生态环境保护大会上，习近平指出要全面落实土壤污染防治行动计划，突出重点区域、行业和污染物，强化土壤污染管控和修复，有效防范风险，让老百姓吃得放心、住得安心。2022 年 10 月 16～22 日，在北京召开的中国共产党第二十次全国代表大会，大会报告提到坚持精准治污、科学治污、依法治污，持续深入打好蓝天、碧水、净土保卫战。加强土壤污染源头防控，开展新污染物治理。严密防控环境风险。2023 年 7 月 17～18 日，在北京召开的全国生态环境保护大会上，习近平强调坚持精准治污、科学治污、依法治污，保持力度、延伸深度、拓展广度，深入推进蓝天、碧水、净土三大保卫战，持续改善生态环境质量。深化人工智能等数字技术应用，构建美丽中国数字化治理体系，建设绿色智慧的数字生态文明。

1.1.3 我国场地污染防治策略

美国、加拿大、英国、荷兰、澳大利亚等发达国家在实践过程中，不断调整和完善场地污染防治管理思路，管理策略逐渐由污染消除过渡到风险管控。现今，这些国家始终把风险管控作为场地土壤和地下水污染管理主导策略，将风险管控全面贯穿于立法、标准、规范制定，治理修复方案设计，技术路线选取等，提出了场地污染全过程管理模式、技术框架和技术程序，进而形成了一套完善的场地污染防治体系。

近些年来，我国在充分汲取国外经验基础上，针对土壤和地下水污染的多样性、隐蔽性、滞后性、累积性、不可逆性和难治理性等特点，结合经济实力、管理水平、技术水平、自然地理等复杂的国情特殊性，提出了以"风险管控"为主的场地污染管理总体策略。场地污染风险管控广义上是指涵盖污染调查、风险评估、风险管控、治理修复、效果评估、环境监测、监督管理等环节的土地开发利用全生命周期管理的制度、技术、措施和活动，而狭义上是指基于切断暴露途径与保护受体的阻隔技术，基于削减污染物的监测自然衰减、固化稳定化、渗透反应格栅等技术，基于土地用途调整、建设用地准入管理、限制土壤和地下水利用、设立标识牌等的制度控制。

在国家层面上，2016 年，印发实施《污染地块土壤环境管理办法（试行）》（环境保护部令〔2016〕第 42 号）。2017 年，印发实施《地下水质量标准》（GB/T 14848—2017）。2018 年，印发实施《土壤环境质量 建设用地土壤污染风险管控标准（试行）》（GB 36600—2018）、《工矿用地土壤环境管理办法（试行）》（生态环境部令〔2018〕第 3 号）、《污染地块风险管控与土壤修复效果评估技术导则》（HJ 25.5—2018）。2019 年，印发实施《建设用地土壤污染状况调查、风险评估、风险管控及修复效果评估报告评审指南》（环办土壤〔2019〕63 号）、《建设用地土壤污染状况调查 技术导则》（HJ 25.1—2019）、《建设用地土壤污染风险管控和修复监测技术导则》（HJ 25.2—2019）、《建设用地土壤污染风险评估技术导则》（HJ 25.3—2019）、《建设用地土壤修复技术导则》（HJ 25.4—2019）、《污染地块地下水修复和风险管控技术导则》（HJ 25.6—2019）、《建设用地土壤污染风险管控和修复术语》（HJ 682—2019）。2021 年，印发实施《重点监管单位土壤污染隐患排查指南（试行）》（生态环境部公告 2021 年 第 1 号）、《工业企业土壤和地下水自行监测技术指南（试行）》（HJ 1209—2021）。在此基础上，我国初步建立了基于风险管控的涵盖立法、规章、标准、规范的场地污染管理体系。尽管如此，我国场地污染风险管控仍处于刚刚起步阶段，基础弱、底子薄、经验少、成本高、周期长、理论不扎实，迫切需要研发并实践多学科交叉的多尺度场地土壤和地下水污染协同防治技术方法。

1.2 国内外研究进展分析

1.2.1 大数据的提出与发展

1. 大数据的定义

"大数据"是云计算、物联网技术的延续和变革，对国家治理模式、企业运行机制、个人生活方式都产生了巨大的影响。近 20 年来，随着科学、技术和工程的快速发展，许多领域都产生了海量数据，大数据也随之引起人们的重视（朱孔村，2019）。不过，国内外关于大数据的定义、内涵和标准还没有达成统一认识。

从思维上看，传统观点认为思维是对客观事物共同的、本质的特征及内部联系的反映（彭知辉，2019）。在大数据应用过程中，以大数据为视角分析问题、解决问题时，应实现从定量思维向总体思维的转变，从精确思维向容错思维的转变，从因果思维向相关思维的转变，从机械思维向智能思维的转变（彭知辉，2019）。与小数据思维相比，大数据思维主要展现出整体性、容错性、相关性和智能性的特点（赵晓娟等，2018）。

从规模上看，麦肯锡全球研究所认为，大数据是一种规模大到在获取、存储、管理、分析方面超出传统数据库软件工具能力范围的数据集合。维基百科提到，大数据是利用常用软件工具捕获、管理和处理数据所耗时间超过可容忍时间的数据集。有学者简单地认为，大数据是超过任何一台计算机处理能力的数据量。有学者认为，大数据是指一个超大的、难以用现有常规的数据库管理技术和工具处理的数据集（刘锐等，2016）。还有学者认为，大数据是指那些大小已超出了传统意义上的尺度，一般的软件工具难以捕捉、存储、管理和分析的数据（涂子沛，2013）。

从技术上看，随着全球数据的迅猛发展，产生了大量结构化数据、半结构化数据和非结构化数据。互联网数据中心的调查报告显示，80%的数据是非结构化数据，且每年按指数增长60%。为此，需要配套大规模并行处理数据库、大量数据挖掘技术、分布式文件系统、大型计算平台、可扩展型存储系统等，进而才能发现新的知识和价值。显然，大数据是由采集技术、处理技术、储存技术、共享技术、管理技术、分析技术、可视化技术等一系列信息技术组成的集合。

从应用上看，从科技互联网领域到生产制造、金融、零售、电信、公共管理、医疗卫生等领域，大多在利用大数据分析提升竞争力，并提前布局未来。大数据应用在各个领域，既能大力提升运行管理效率，又能发展个性化定制，还能提升数字化、精准化、智能化、高效化水平，进而带来"大知识""大科技""大利润""大发展"。

从文化上看，大数据是一种文化形态，代表着科技文化发展的新阶段、新样式。有学者认为，大数据文化就是尊重事实，推崇理性，强调精确的文化（胡少甫，2013）。另有学者提出，大数据文化是人们借助大数据和大数据技术，从事大数据实践所形成的文化形态，目的在于规范人们的思想和行为，提高人们的数据观念和数据认同，促进大数据理论、技术和实践的健康发展（杨修伟，2017）。大数据文化的构成要素有大数据观念、大数据思维、大数据技术、大数据伦理、大数据产业；大数据文化的主要特征有创新性、共享性、开放性、客观性、整体性；大数据文化的文化价值有文化强国战略需要大数据文化支撑，大数据文化是保持文化先进性的内在要求，大数据文化是提升文化科技含量的必然选择（杨修伟，2017）。

总体来看，大数据可指为决策问题提供服务的大数据思维、大数据集、大数据技术、大数据应用和大数据文化的总称。

2. 大数据的发展

美国是大数据的发起国。2012 年，美国实施"大数据"战略，"大数据"时代的序幕渐渐拉开。2012 年，奥巴马政府投资 2 亿美元启动"大数据研究和发展计划"，将"大数据研究"上升为国家意志，并将大数据定义为"未来的新石油"。2013 年，美国各个州逐渐实现新增数据和处理后数据的开放与机器可读，激发了大数据创新活力。2014 年，美国总统行政办公室发布《大数据：抓住机遇，守护价值》，重申在积极培育发展大数据的同时，也要警惕大数据应用对隐私、公平等长远价值带来的负面影响。2015 年，美国国家科学基金会、国家卫生研究院、能源部等加大投资，深入推进"大数据研究和发展计划"，推动大数据技术研发，同时还鼓励产业、高校、科研机构、非营利机构与政府共享大数据提供的机遇（乔健，2016）。

英国于 2010 年发起"数据权"运动。近年来，为带动经济发展，提出将大数据作为新一代科技革命的抓手（Cabinet Office，2012；Royal Society，2012）。在此背景下，实施《英国 2015~2018 年数字经济战略》，促进企业运用数字技术进行创新（王茜，2013）。该战略主要通过鼓励数字化创新者、帮助数字化创新者、促进基础设施建设、保障生态系统发展、确保数字经济创新发展可持续五个行动推动大数据战略的发展。自 2007 年开始，"创新英国"支持和促进数字化经济创新。自 2009 年以来，"创新英国"开始制定具体的数字经济发展项目。

德国于 2014 年提出《数字议程》(2014—2017 年)，倡导数字化创新驱动经济社会发展，明确数字强国战略方向。该议程的目的旨在短期内通过挖掘数字化创新潜力促进经济增长和就业及打造数字化社会，直至德国成为未来欧洲乃至全球的数字强国。该议程的目标包括以数字化创造价值，推动数字时代的就业，构建高效开放的互联网，推动数字技术的应用，保障信息技术简易、透明和安全等。该议程的主要行动包括建造数字化基础设施、推动数字化经济工作等。

日本为促进经济增长，解决国内社会问题，保持国际领先地位，将大数据及云计算作为目前发展的关键技术。2012 年，日本总务省信息通信技术基本战略委员会发布《面向 2020 年的 ICT 综合战略》，提出"活跃在 ICT 领域的日本"的目标，重点关注大数据应用所需的社会化媒体等有关智能技术开发。2013 年，安倍内阁公布《创建最尖端 IT 国家宣言》，该宣言全面阐述了 2013 ~ 2020 年以发展开放公共数据和大数据为核心的日本新信息技术国家战略。

我国高度重视数据资源，将数据作为国家基础战略性资源和重要生产要素。2015 年，国务院发布《促进大数据发展行动纲要》，提出全面推进我国大数据发展和应用，加快建设数据强国；中国共产党的十八届五中全会提出，要拓展网络经济空间，推进数据资源开放共享，实施国家大数据战略，正式将大数据的研究、发展与应用上升为国家战略。2016 年，国务院办公厅发布《关于促进和规范健康医疗大数据应用发展的指导意见》，环境保护部发布《生态环境大数据建设总体方案》，工业和信息化部发布《大数据产业发展规划(2016—2020 年)》，农业部办公厅发布《农业农村大数据试点方案》，国家林业局发布《关于加快中国林业大数据发展的指导意见》，国土资源部发布《关于促进国土资源大数据应用发展的实施意见》。2020 年，国家发展改革委、中央网信办、工业和信息化部、国家能源局发布《关于加快构建全国一体化大数据中心协同创新体系的指导意见》。可见，国家从顶层设计上为大数据的发展提供政策支持和技术框架，规范大数据产业发展，着力破除"数据孤岛"，促进大数据的应用场景落地和创新。

3. 大数据的特点

目前，普遍认可大数据具有数据体量巨大（volume）、类型繁多（variety）、处理速度快（velocity）、价值密度低（value）和真实性高（veracity）的"5V"特点（赵苗苗等，2017）。数据体量巨大指通过各种途径和方式产生的海量数据规模庞大，数据量从 TB 级跳跃到 PB、EB 甚至 ZB 级，且呈爆发式增长。类型繁多指数据类型不仅包括结构化数据，还包括网络日志、视频、图片、地理位置信息、文本等非结构化或半结构化数据。处理速度快指数据产生速度快、处理速度快和结果输出速度快。例如，欧洲核子研究中心的大型强子对撞机在工作状态下每秒产生 PB 级的数据；有的数据是涓涓细流式产生，但是由于用户众多，短时间内产生的数据量依然非常庞大（刘丽香等，2017）。通过数据挖掘，可对巨量动态数据进行实时快速处理分析，使其输出结果更有价值。价值密度低指大数据集蕴含信息量大，但有价值的信息少。通常，大量不同类型数据组成大数据集，这些数据的价值密度的高低与大数据集总量的大小成反比。换句话说，数据量大的数据并不一定具有很大的价值，不能被及时挖掘分析的数据也没有很大的价值。以视频为例，连续不间断监控过程中，会产生大量的数据，但可能有用的数据仅涉及一两秒（王凯等，2015）。真实性高是指数据的高准确度和高可信赖度，代表数据的高质量。随着社交数据、交易与应用数据等新数据源的兴起，获得的数据源逐渐多样化、数据体量逐渐巨量化，使得产生的部分数据具有模糊性。真实性高促使利用数据清洗和融合及数据挖掘算法提升数据质量，从而发现更真实的规律和创造更大的价值。

场地环境大数据除具有传统大数据的"5V"特点外，还具有高维性、高复杂性、高不确定性的"三高"特点（Guo et al.，2014）。高维性是指数据来源包含反映自然与社会现象之间的多维数据。可通过土壤、地下水、地表水、空气、噪声环境质量监测设备感知多维数据，还可通过生物传感器、化学传感器、卫星遥感、视频音频、光学传感器、网络舆情等感知多维数据（蒋洪强等，2019）。高复杂性指数据内在类型、结构及模式上具有复杂性。只有通过数据清洗、集成、建模、可视化等步骤才能将海量、多源、异构、多维的高复杂性数据转化为有价值的信息（Roger er al.，2003）。高不确定性指数据采集时可能存在错误或不完整，数据处理的不确定性概率较高（Guo et al.，2014）。

数据来源于不同管理部门、互联网平台、移动互联网平台、传感器等，数据内容庞杂，服务对象众多，数据共享程度不高，数据采集和处理方法、标准、规范不统一。例如，通过网络爬取工具获得的数据格式多样，有时即使同一类数据也缺乏一致性（Kennedy and O'Hagan，2001）。

4. 大数据的优势

大数据技术显著有别于传统实验研究、数学模型、现实仿真等技术，显著的优势主要表现在五个方面。

在数据处理方面，大数据技术在允许错误数据存在的条件下，借助多特征融合、中文分词、词性标注和卷积神经网络等数据挖掘算法（Wang and Wei，2019；Li et al.，2018；荆思凤等，2019；李颖等，2017），能短时间内对海量、多源、异构、多维复杂数据，特别是影像、图片、音频等非结构化数据进行处理，实现数据实时高效处理（Carey et al.，2019）。

在数据分析方面，大数据技术可利用全样本、近全样本，借助决策树、神经网络、自然语言处理等数据挖掘算法，发现数据间的内在联系和关联特征，实现数据关联分析、实时挖掘等（Carey et al.，2019），并获得新信息和新知识。

在计算平台方面，大数据技术以 Hadoop 为核心构建开源计算平台，提供系统底层透明的分布式基础架构，可在大量计算机集群中部署，能对失败的节点实行自动处理，并能对大规模数据集进行并行运算（邱立新和李筱翔，2018；陈军飞等，2017）。

在数据可视化方面，大数据技术可利用较为成熟的 Fine BI、Echarts、ArcGIS 等软件或技术，运用多种数据挖掘算法，使新知识和新价值呈现得更加直观、简单、具象，能更好地贴合用户意图。大数据技术改变了交换数据、交流信息、交感互动的方式（覃京燕，2018），能理解用户的操作目的，实现人性化的智能交互与推荐体验（余乐章等，2021）。

在技术应用方面，大数据技术可实现由管理流程为主的线性范式向以数据为中心的扁平化范式的转变，实现生产和生活的便利与安全，减少管理和技术的不确定性与保守性，增加客观性和准确性，进而提高数字化、精准化、智能化、高效化水平。

1.2.2 大数据支持的场地污染防治

1. 污染识别

当前，通常采用人员访谈、资料收集、现场踏勘、钻探采样和分析测试相结合的方法开展区域和地块尺度场地土壤和地下水污染状况调查。利用调查点位浓度值，借助单因子污染指数、内梅罗综合污染指数等方法，结合 Kriging 插值、反距离权重等地统计学方法，识别土壤和地下水污染的类型、程度、面积与分布（Qiao et al., 2019，2018；马鹏途等，2019；谢云峰等，2016；邓琴等，2010）。但是，必须承认的是：①土壤和地下水污染同时受自然地理、经济社会、水文地质、污染源分布、污染物性质等众多因素的综合影响，其分布表现出不同的空间相关性和变异性；②污染物在土壤和地下水中迁移缓慢，分布不均匀；③地统计学方法主要依赖于空间自相关，而与人类活动密切相关的土壤和地下水污染具有高度随机性。为此，由点及面的土壤和地下水污染识别势必产生以偏概全问题，进而有可能严重误导污染防控管理决策。也就是说，运用离散的点数据准确描述土壤和地下水浓度的空间分布已成为污染识别的关键、难点。此外，现有采样调查还显现出科学性不足、成本高、周期长、人力物力投入大等弊端。可见，传统的目标驱动决策的技术方法受到严峻挑战。从环境科学、土壤学、地下水科学、地球化学、统计学、遥感学及大数据学、人工智能学交叉视角出发的土壤和地下水污染识别有望成为前沿发展方向。

鉴于此，有研究者基于大数据的相关关系内涵和数据挖掘算法，利用已知有限点位的土壤数据并借助多源辅助数据，成功地实现了土壤污染及其属性的空间分布识别，取得了较好效果，也提高了科学性。例如，Hengl 等（2017）利用 150000 个土壤点位剖面数据，基于遥感的 158 种辅助数据（如植被覆盖类型、坡度、地形），采用随机森林（RF）、梯度提升、多元逻辑回归构建了全球土壤有机碳、堆积密度、阳离子交换量、pH、土壤质地网格；Chen 等（2019）利用第二次全国土地调查的 4700 个土壤剖面数据、17 种辅助数据（如高程、坡度、地貌、气温），采用 RF 和极限梯度提升得到了全国土壤 pH 空间分布。Cao 和 Zhang（2021）利用 1161 个土壤点位数据，采用径向基函数神经网络–自适应学习的微粒群优化–自适应调整的均方根反向传播耦合算法识别出武汉市土壤重金属浓度分布。

受前述研究启发，另有研究者针对政府部门间存在数据孤岛、数据共享难度大、场地污染信息难以获取、土壤管理存在盲区等问题，采用大数据技术开展了场地污染的地理识别和图像识别研究。Jia 等（2019）利用 264098 家企业地理标识数据，采用自然语言处理和朴素贝叶斯（NB）分类器识别出潜在污染企业，准确率达到 0.87，Kappa 系数达到 0.82；黄国鑫等（2020）利用企业地理标识数据，通过引入权重和摘要，改进了 NB 分类器，准确率、召回率和 F1 值分别达到 0.63、0.62 和 0.63。尽管如此，这些研究仅能识别出《国民经济行业分类》（GB/T 4754—2017）中大类或中类行业的污染企业，精度尚不能到小类行业，识别效果也有待提高，同时还存在分类时易于倾向于大类、忽略小类现象，这些问题值得我们进一步关注。此外，吴育文等（2013）利用 319 个土壤点位数据，采用遗传算法（GA）+反向传播神经网络（BPNN）+K 均值聚类，在描绘重金属污染分布情况下，利用浓度极大值点预测污染源近似坐标，实现了对污染源的定位，这为场地污染识别提供了借鉴。另外，目前的遥感图像已达到很高的空间分辨率，最高可达 0.27m/像素，而且数据量庞大，可定时采集。近年来，利用遥感影像耦合深度学习，特别是卷积神经网络进行的场景分类、视觉识别与空间定位越来越受到关注（Wang et al.，2020；Zhang et al.，2020；杨金旻，2020；杨瑾文和赖文奎，2020）。例如，史文旭等（2020）采用随机梯度下降优化对损失函数进行优化、VGG16 网络作为特征提取的骨干网络等方式识别了飞机、油罐、舰船、立交桥、操场，目标检测平均精度均值达到 77.95%，检测速度为 33.8frame/s。实际上，与以 R-CNN（区域卷积神经网络）、Fast R-CNN、Faster R-CNN 为代表的双阶段目标检测算法相比，以 YOLO（you only look once）、SSD（single shot multibox detector）、DSSD（deconvolutional single shot detector）为代表的单阶段目标检测算法展现出更高的检测效率，且二者检测精度差异并不显著。然而，现有的遥感影像耦合深度学习进行场地污染识别与定位的研究鲜有报道，适应性问题有待考证，同步地，多算法耦合的卷积神经网络模型结构及其相应的图像预处理、样本容量扩充方法和参数调整需要深入研究，以期提高遥感影像处理精度和检测速度。从研究现状来看，基于大数据技术，丰富土壤和地下水污染源识别技术方法、土壤污染与污染源关联关系、土壤和地下水污染贡献因子信息等仍将是未来的发展方向。

2. 风险评价

目前，研究者利用传统技术方法对多尺度的场地污染风险评价进行了大量且充分的研究（Guo et al.，2021；Li et al.，2019；Skála et al.，2018；Yang et al.，2018；Qu et al.，2015；Reiss and Griffin，2006；Tsongas et al.，2000；黄瑾辉等，2012）。在地块尺度上，基于场地参数、暴露参数和生态毒理参数，采用染染土地暴露评估（CLEA）、欧盟物质评估系统（EUSES）、基于风险的修正行动（RBCA）等暴露模型评价土壤污染人体健康风险（宋从波等，2014）；在区域尺度上，采用潜在生态危害指数、地质累积指数、内梅罗综合污染指数等方法（Baruah et al.，2021；Liu H et al.，2021；Pecina et al.，2021）评价生态和人体健康风险。部分研究成果已被多国政府应用于场地污染监管，如美国建立"危害排序系统（HRS）"，加拿大发布"国家污染场地分类系统（NCSCS）"，新西兰建立"风险排查系统（RSS）"等。在国内，陈梦舫（2014）研发了场地污染健康与环境风险评价软件，内含20余种多介质迁移模型，收录610种污染物理化与毒性参数。但是，这些传统技术方法受实地性、多介质、多途径、多受体与概率性等因素制约，评价结果存在诸多不确定性（黄瑾辉等，2012）。

为减小评价结果的不确定性，有研究者利用大数据技术做出了土壤污染风险评价的有益尝试。为揭示土壤污染、场地污染对生态风险的影响，采用基于迭代二叉树三代（ID3）的NB决策树模型，建立了15条小麦Cd超标风险的识别规则，构建了环境因素与小麦Cd超标风险的相关关系，并指出了企业、土壤pH和土壤Cd浓度是小麦Cd富集的三个主控因子（全桂杰等，2019）。为评价土壤污染对胸癌发生概率的影响，采用Kulldorff时空扫描统计量模型和GA，建立了土壤二噁英污染和胸癌发生概率的空间相关关系。Jia等（2020）基于源汇理论，利用2029个土壤样品数据、13种辅助数据，采用模糊K均值和RF获得了长江三角洲地区土壤重金属空间分布特征，确认了造成土壤重金属污染的主要影响因子，并确定了土壤重金属污染潜在风险区域。Wu等（2020）利用256个表层土壤样品数据，采用条件推理树确定了我国典型烟草生长土壤中不同重金属污染风险的主要影响因子，如 Hg 污染主要来源于金属冶炼和燃煤。Reeves 等（2018）利用 36 个点位 191 个土壤样品数据、10 种辅助数据（如土地覆盖、农业种植），采用样条回归、RF 等 6 种算法，描述了土壤中 Al、Mn 和 Co 等痕量元素浓度的相对水平，进而评价了不同公路沉降对土壤痕量元素污染的相对风险。方珂（2020）利用 RF，结合统计分析和空间差值，反演了 As、Cu、Pb 三种元素的浓度，绘制了三种元素的空间分布图，从而实现了土壤污染风险等级预测。采用不同核函数的支持向量机和人工神经网络，预测了 12 种土壤重金属污染风险等级（Schwaab et al.，2018）。这些数据挖掘算法虽然实现了土壤污染风险评价，改善了评价结果的不确定性，但是，大数据支持土壤和地下水污染风险评价研究仍然处于起步阶段，构建科学合理的评价指标体系、考虑污染扩散风险、实现污染风险分类分级预测等研究将是未来的研究热点。

3. 风险管控

国内研究者结合我国国情，围绕国土空间管制、风险管控模式研发，开展了传统的风险管控技术方法研究。例如，张兴（2020）借用"三线一单"思想划定了长白山经济开发区建设用地土壤污染风险管控区；刘凯等（2020）阐述了湖南某典型工矿冶炼重金属污染场地的"场地修整+原地阻隔+生态恢复+污水处理+截排水处理+监测系统"的风险管控模式。但是，现有技术方法的智能化水平不足，造成风险管控实践工作的技术环节多、投入成本高、工作周期长、管控效率低。

为提高风险管控的智能化水平，案例推理在机器学习领域和环境管理决策领域得到了广泛研究（Wang et al.，2020；张秋垒等，2020；张茱莉等，2015；张智超，2013；刘珣，2011），增强了突发性事件中的快速反应能力（Barletta，1991）。案例推理是在求解问题时，从源案例中寻找出相似度高的案例，直接复用或经过调整修改后复用，从而获得目标案例的解决方法（张茱莉等，2015；郑昌兴和刘喜文，2016；张凯岚，2017；Barletta，1991；廖振良等，2009；蔡胜胜和卜凡亮，2019）。在进行相似度计算时，需要对案例推理的指标权重进行赋值。现有研究主要采用层次分析法、熵值法等确定指标权重，甚至人为直接给定权重，致使权重赋值过程中人为主观性强、模糊性大。

人为主观赋予权重模糊性大，GA、BPNN、粒子群等有益于指标权重的客观优化（Alimi et al.，2021；Ali and Ahmed，2019；Kennedy and Eberhart，1995；胡威等，2021）。但是，这些算法也表现出消极学习、训练过程中不稳定、容易陷入局部极值点、检索量大、收敛速度较慢等缺点（Liu X et al.，2021；张春晓等，2014），这势必影响指标权重的精准性。丰富土壤和地下水污染风险管控措施、提升地下水环境敏感性评价结果准确性、实现精细化场地污染风险管理、提高指标权重精准性是未来亟待解决的问题。

4. 可视化表达

目前，国内外大多使用通用的绘图软件进行可视化。利用 Sufer 软件、AutoCAD 软件和 ArcGIS 软件，可表现不同污染区域和不同风险区域的基本情况。然而，这些软件无法反映污染物在三维空间上的变化，还存在描述空间范围有限、限制空间数据应用、实体特征缺乏较完整表达、难以可视化展示多维度信息等缺点（姜会忠等，2023；展漫军等，2014）。三维模型可快速有效地识别土壤和地下水污染物的性质和空间分布及研究对象与周围环境的联系（Campos et al.，2014）。李晓璇等（2017）利用三维绘图软件 Golden Software Voxler，建立了三种三维风险管控模型，即钻孔轨迹模型、三向切片模型、体积渲染模型，可直观显示污染物空间分布特征和扩散情况。但是，目前关于基于大数据的面向复杂环境要素数据的多维动态可视化研究却较为少见。为充分体现各个环境要素关系，针对土壤和地下水污染风险管控的大数据可视化方法亟须深入研究。运用大数据技术充分挖掘风险管控与各个环境要素之间的联系，实现土壤和地下水污染时空数据的多维动态可视化将是未来的研究热点。

5. 决策支持

大数据技术在销售、电信、疫情防控等领域的决策支持方面得到了广泛应用，但是在生态环境领域，特别是土壤和地下水生态环境领域的决策支持却刚刚起步。在科学研究上，有研究者对气候、水文水质和生态景观等方面的野外长期动态监测数据进行了实时收集和传输，挖掘了多源数据的关联性，实现了数据采集、存储和分析（Ania et al.，2018）。有研究者利用大数据技术整合多领域数据，建立了水和大气污染防治大数据决策支持平台，简化了数据交换共享流程（陈军飞等，2017）。有研究者采用 Visual Studio、ArcGIS 平台及 WebGIS 技术，构建了流域重金属生态风险评估系统，通过该系统可远程动态监测温度、降水、植被指数值等生态风险状况（王圣伟等，2020）。还有研究者构建了"能源–经济–环境"可视化大数据系统和平台，为政府、企业和研究机构提供了数据和工具支撑（邱立新和李筱翔，2018）。在应用研究上，广东省韶关市建成了土壤和地下水污染监管预警平台，实现了污染场地全生命周期管理和多部门间数据共享。江苏省利用大数据、物联网和云计算等技术，建成了生态环境大数据系统，实现了生态环境数据融合统一，并构建了可视化的环境数据质量监控体系（张毅等，2019）。尽管如此，基于大数据的区域和地块联动的场地土壤和地下水污染风险管控智慧型全景式决策支持系统开发研究却较为少见。

1.3　科学问题识别

立足中央和地方的场地环境管理工作现状和实际需求，以区域和地块两个尺度为重点，迫切需要开展场地土壤和地下水污染协同防治研究。在区域尺度上，地下水脆弱性评价模型性能有待提升、土壤和地下水污染与其污染源的空间关系分析精准性不高、土壤污染贡献因子信息识别不全、土壤和地下水源解析效率低、土壤和地下水污染风险区划分精准性不足、在产企业空间布局调整技术缺失等技术问题亟待解决。在地块尺度上，场地土壤和地下水污染风险评价指标筛选不合理、地下水污染风险评价中污染扩散风险被忽视、土壤和地下水污染风险诊断智能化水平低、土壤和地下水污染风险管控和修复方案选择合理性差、污染风险管理精细程度不够等技术问题亟待解决。另外，现有场地污染风险管控辅助决策支持平台数字化和智能化水平不高、土壤和地下水环境大数据融合与挖掘不充分等技术问题也亟待解决。在场地环境数据海量快速增加背景下，逐渐成熟的大数据技术因其在数据处理、数据分析、计算平台、数据可视化、技术应用等方面的优势，有望为解决这些技术问题提供有效手段。大数据驱动场地污染协同防治基础理论、机理原理、技术方法和应用实践成果将为我国数字化、精准化、智能化、高效化土壤和地下水污染防治提供科学依据和技术支持，同时为推动我国生态环境大数据的发展及其应用领域的拓展做出重要贡献。

参 考 文 献

蔡胜胜，卜凡亮．2019．基于案例推理和规则推理的公安突发事件辅助决策算法．计算机与现代化，（9）：7-11.

陈军飞，邓梦华，王慧敏，等．2017．水利大数据研究综述．水科学进展，28（4）：622-631.

陈梦舫．2014．污染场地健康与环境风险评估软件（HERA）．土壤重金属污染治理，29（3）：335-344.

邓琴，吴迪，秦樊鑫，等．2010．铅锌矿区土壤重金属含量的调查与评价．贵州师范大学学报（自然科学版），28（3）：34-37.

方珂．2020．基于多光谱遥感的随机森林回归模型反演土壤重金属含量．西安：长安大学．

胡少甫．2013．大数据时代给当今世界带来的变革与挑战．对外经贸实务，（12）：17-20.

胡威，李卫明，王丽，等．2021．基于 GA-BP 优化模型的中小河流健康评价研究．生态学报，41（5）：1786-1797.

黄国鑫，朱守信，王夏晖，等．2020．基于自然语言处理和机器学习的疑似土壤污染企业识别．环境工程学报，14（11）：3234-3242.

黄瑾辉，李飞，曾光明，等．2012．污染场地健康风险评价中多介质模型的优选研究．中国环境科学，32（3）：556-563.

黄芸，袁洪，黄志军，等．2016．环境重金属暴露对人群健康危害研究进展．中国公共卫生，32（8）：1113-1116.

姜会忠，张健钦，贾红霞，等．2023．一种场地污染环境的多粒度时空对象模型．测绘通报，（3）：55-60.

蒋洪强，卢亚灵，周思，等．2019．生态环境大数据研究与应用进展．中国环境管理，11（6）：11-15.

荆思凤，熊刚，刘希未，等．2019．化工事故案例关键信息抽取研究．工业安全与环保，45（8）：61-65.

李晓璇，张斌，万正茂，等．2017．Golden Software Voxler 在污染场地调查与风险评估方面的应用．科学技术与工程，17（8）：317-323.

李颖，郝晓燕，王勇，等．2017．中文开放式多元实体关系抽取．计算机科学，44（S1）：80-83.

廖振良，刘宴辉，徐祖信，等．2009．基于案例推理的突发性环境污染事件应急预案系统．环境污染与防治，31（1）：86-89.

刘凯，马英，杨大卜，等．2020．某典型冶炼场地重金属污染风险管控方案及效果评估．中国环保产业，（5）：46-50.

刘丽香，张丽云，赵芬，等．2017．生态环境大数据面临的机遇与挑战．生态学报，37（14）：4896-4904.

刘锐，刘俊，谢涛，等．2016．互联网时代的环境大数据．北京：电子工业出版社．

刘星，刘晓文，吴颖欣，等．2020．农用地重金属污染植物提取修复技术研究进展．环境污染与防治，

42（4）：507-513.

刘珣．2011．环境应急决策支持系统中预案构建与程序设计．哈尔滨：哈尔滨工业大学．

马鹏途，师懿，李雅雯，等．2019．阳新县复垦工矿废弃地土壤重金属污染及潜在生态风险评价．安全与环境工程，26（5）：108-115.

彭知辉．2019．论大数据思维的内涵及构成．情报杂志，38（6）：123-130.

乔健．2016．美国大数据政策的发展趋势．全球科技经济瞭望，31（5）：1-4.

邱立新，李筱翔．2018．大数据思维对构建能源–经济–环境（3E）大数据平台的启示．科技管理研究，38（16）：205-211.

生态环境部，国家发展和改革委员会，财政部，等．2021．关于印发"十四五"土壤、地下水和农村生态环境保护规划的通知．

史文旭，鲍佳慧，姚宇，等．2020．基于深度学习的遥感图像目标检测与识别．计算机应用，40（12）：3558-3562.

宋从波，刘茂，姜珊珊，等．2014．基于CSOIL模型的村镇土壤重金属人体暴露风险评估．安全与环境学报，14（1）：248-252.

覃京燕．2018．量子思维对人工智能、大数据、万联网语境下的交互设计影响研究．装饰，(10)：34-39.

仝桂杰，吴绍华，袁毓婕，等．2019．基于贝叶斯决策树的小麦镉风险识别规则提取．中国环境科学，39（3）：1336-1344.

涂子沛．2013．大数据．桂林：广西师范大学出版社．

王凯，曹建成，王乃生，等．2015．Hadoop支持下的地理信息大数据处理技术初探．测绘通报，(10)：114-117.

王茜．2013．英国大数据战略分析．全球科技经济瞭望，28（8）：24-27.

王圣伟，张畅，张月，等．2020．流域重金属生态风险评估WebGIS系统设计．计算机工程，46（4）：279-286.

文典，江棋，李蕾，等．2020．重金属污染高风险农用地水稻安全种植技术研究．生态环境学报，29（3）：624-628.

吴育文，徐英凯，刘通，等．2013．基于神经网络模型的青岛市城区土壤重金属污染源定位．湖北农业科学，52（3）：685-687，695.

谢云峰，曹云者，杜晓明，等．2016．土壤污染调查加密布点优化方法构建及验证．环境科学学报，36（3）：981-989.

杨金旻．2020．深度学习技术在遥感图像识别中的应用．电脑知识与技术，16（24），191-192，200.

杨瑾文，赖文奎．2020．深度学习算法在遥感影像分类识别中的应用现状及其发展趋势．测绘与空间地理信息，43（4）：114-117，120.

杨修伟．2017．文化强国战略视域下的大数据文化研究．武汉：武汉理工大学．

余乐章，夏天宇，荆一楠，等．2021．面向大数据分析的智能交互向导系统．计算机科学，48（9）：110-117.

展漫军，赵鹏飞，杭静，等．2014. Surfer 软件和 AutoCAD 在污染场地调查及风险评估中的应用．环境监测管理与技术，26（6）：30-34.

张春晓，严爱军，王普，等．2014. 案例推理分类器属性权重的内省学习调整方法．计算机应用，34（8）：2273-2278.

张凯岚．2017. 基于案例推理与神经网络的建筑成本预测研究．长春：吉林大学.

张茉莉，袁鹏，宋永会，等．2015. 基于案例推理的突发环境事件应急管理案例库构建技术研究．环境工程技术学报，5（5）：386-392.

张秋垒，黄国鑫，王夏晖，等．2020. 基于案例推理和机器学习的场地污染风险管控与修复方案推荐系统构建技术．环境工程技术学报，10（6）：1012-1021.

张兴．2020. 开发区"三线一单"研究与应用实践——以白山经济开发区新区为例．长春：吉林大学.

张毅，贺桂珍，吕永龙，等．2019. 我国生态环境大数据建设方案实施及其公开效果评估．生态学报，39（4）：1290-1299.

张智超．2013. 突发化学品污染应急处置技术筛选与评估系统研究．哈尔滨：哈尔滨工业大学.

赵苗苗，赵师成，张丽云，等．2017. 大数据在生态环境领域的应用进展与展望．应用生态学报，28（5）：1727-1734.

赵晓娟，朱子清，李奇奇，等．2018. 大数据思维及其在生物医学领域的应用．基因组学与应用生物学，37（5）：2139-2143.

郑昌兴，刘喜文．2016. 基于规则推理和案例推理的应用模型构建研究——以地震类突发事件为例．情报理论与实践，39（2）：108-112.

朱孔村．2019. 大数据发展现状与未来发展趋势研究．大众科技，21（1）：115-119.

Ali W, Ahmed A A. 2019. Hybrid intelligent phishing website prediction using deep neural networks with genetic algorithm-based feature selection and weighting. IET Information Security, 13（6）：659-669.

Alimi O A, OuahadaK, Abu-Mahfouz A M, et al. 2021. Power system events classification using genetic algorithm based feature weighting technique for support vector machine. Heliyon, 7（1）：e05936.

Ania C, Orlando S, Roberto E, et al. 2018. Big data architecture for water resources management：A systematic mapping study. IEEE Latin America Transactions, 16（3）：902-908.

Barletta R. 1991. An introduction to case based reasoning. AI Expert,（8）：43-49.

Baruah S G, Ahmed I, Das B, et al. 2021. Heavy metal（loid）s contamination and health risk assessment of soil-rice system in rural and peri-urban areas of lower brahmaputra valley, northeast India. Chemosphere, 266：129150.

Cabinet Office. 2012. Open Data White Paper：Unleashing the Potential. Norwich：The Stationery Office.

Campos P T, FreitasM V, Paula S L C, et al. 2014. Three-dimensional data interpolation for environmental purpose：Lead in contaminated soils in southern Brazil. Environmental Monitoring and Assessment, 186（9）：5625-5638.

Cao W, Zhang C. 2021. Data prediction of soil heavy metal content by deep composite mode. Journal of Soils and

Sediments, 21: 487-498.

Carey C C, Ward N K, Farrell K J, et al. 2019. Enhancing collaboration between ecologists and computer scientists: Lessons learned and recommendations forward. Ecosphere, 10 (5): 1-12.

Castelli M, Rossi B, Corsetti F, et al. 2005. Levels of cadmium and lead in blood: Application of validated methods in a group of patients with endocrine/metabolic disorders form the Rome area. Micorchemical Journal, 79 (1): 349-355.

Chen S, Liang Z, Webster R, et al. 2019. A high-resolution map of soil pH in China made by hybrid modelling of sparse soil data and environmental covariates and its implications for pollution. Science of the Total Environment, 655: 273-283.

Guo H D, Wang L Z, Chen F, et al. 2014. Scientific big data and digital earth. Chinese Science Bulletin, 59 (35): 5066-5073.

Guo P, Li H, Zhang G, et al. 2021. Contaminated site-induced health risk using Monte Carlo simulation: Evaluation from the brownfieldin Beijing, China. Environmental Science and Pollution Research, 28 (20): 1-13.

Hengl T, Jesus J M, Heuvelink G B M, et al. 2017. SoilGrids250m: Global gridded soil information based on machine learning. Public Library of Science One, 12 (2): 1-40.

Huang S, Peng B, Yang Z, et al. 2009. Spatial distribution of chromium in soils contaminated by chromium-containing slag. Transactions of Nonferrous Metals Society of China, 19 (3): 756-764.

Jia X, Fu T, Hu B, et al. 2020. Identification of the potential risk areas for soil heavy metal pollution based on the source-sink theory. Journal of Hazardous Materials, 393: 122424.

Jia X, Hu B, Marchant B P, et al. 2019. A methodological framework for identifying potential sources of soil heavy metal pollution based on machine learning: A case study in the Yangtze Delta, China. Environment Pollution, 250: 601-609.

Kennedy J, Eberhart R. 1995. Particle swarm optimization. IEEE International Conference Neural Networks Process, 4: 1942-1948.

Kennedy M C, O'Hagan A. 2001. Bayesian calibration of computer models. Journal of the Royal Statistical Society: Series B (Statistical Methodology), 63 (3): 425-464.

Li J, Fan J, Jiang J, et al. 2019. Human health risk assessment of soil in an abandoned arsenic plant site: Implications for contaminated site remediation. Environmental Earth Sciences, 78 (24): 1-12.

Li J, Xie Z, Xu J, et al. 2006. Risk assessment for safety of soil and vegetables around a lead/zinc mine. Environmental Geochemistry and Health, 28: 37-44.

Li S, Chen J, Xiang J. 2018. Prospecting information extraction by text mining based on convolutional neural networks—A case study of the Lala copper deposit, China. IEEE Access, 6: 52286-52297.

Liu C, Liang C, Huang F, et al. 2006. Assessing the human health risks from exposure of inorganic arsenic through oyster (*Crassostreagigas*) consumption in Taiwan. Science of the Total Environment, 361 (1-3):

57-66.

Liu H, Zhang Y, Yang J, et al. 2021. Quantitative source apportionment, risk assessment and distribution of heavy metals in agricultural soils from southern Shandong Peninsula of China. Science of the Total Environment, 767: 144879.

Liu X, Zhang D, Zhang J, et al. 2021. A path planning method based on the particle swarm optimization trained fuzzy neural network algorithm. Cluster Computing, 24: 1901-1915.

Pecina V, Brtnick M, Baltazár T, et al. 2021. Human health and ecological risk assessment of trace elements in urban soils of 101 cities in China: A meta-analysis. Chemosphere, 267: 129215.

Qiao P, Lei M, Yang S, et al. 2018. Comparing ordinary kriging and inverse distance weighting for soil as pollution in Beijing. Environmental Science and Pollution Research, 25 (16): 15597-15608.

Qiao P, Li P, Cheng Y, et al. 2019. Comparison of common spatial interpolation methods for analyzing pollutant spatial distributions at contaminated sites. Environmental Geochemistry and Health, 41 (6): 2709-2730.

Qu M K, Li W D, Zhang C R, et al. 2015. Assessing the pollution risk of soil Chromium based on loading capacity of paddy soil at a regional scale. Scientific Reports, 5 (1): 18451.

Reeves M K, Perdue M, Munk L A, et al. 2018. Predicting risk of trace element pollution from municipal roads using site-specific soil samples and remotely sensed data. Science of the Total Environment, 630: 578-586.

Reiss R, Griffin J. 2006. A probabilistic model for acute bystander exposure and risk assessment for soil fumigants. Atmospheric Environment, 40 (19): 3548-3560.

Roger B, Richard C, Roger G, et al. 2003. Atmosphere, Weather and Climate. London: Taylor and Francis.

Royal Society. 2012. Science as an Open Enterprise. London: The Royal Sociey of UK.

Rubio C, Hardisson A, Reguera J I, et al. 2006. Cadmium dietary intake in the Canary Islands Spain. Environmental Research, 100 (1): 123-129.

Schwaab J, Deb K, Goodman E, et al. 2018. Improving the performance of genetic algorithms for land-use allocation problems. International Journal of Geographical Information Science, 32 (5): 907-930.

Skála J, Vácha R, Čupr P, et al. 2018. Which Compounds contribute most to elevated soil pollution and the corresponding health risks in floodplains in the headwater areas of the central European watershed? . International Journal of Environmental Research and Public Health, 15 (6): 1146-1161.

Tsongas T, Orlinskii D, Priputina I, et al. 2000. Risk analysis of PCB exposure via the soil-food crop pathway, and alternatives for remediation at Serpukhov, Russian Federation. Risk Analysis, 20 (1): 73-80.

Wang C, Wei P. 2019. A novel web page text information extraction method. IEEE 3rd Information Technology, Networking, Electronic and Automation Control Conference (ITNEC): 2213-2218.

Wang D, Wan K, Ma W, et al. 2020. Emergency decision-making model of environmental emergencies based on case-based reasoning method. Journal of Environmental Management, 262: 110382.

Wang J, Ding C H Q, Chen S, et al. 2020. Semi-supervised remote sensing image semanticsegmentation via consistency regularization andaverage update of pseudo-label. Remote Sensing, 12: 3603.

Wu H W, Liu Q Y, Ma J, et al. 2020. Heavy metal (loids) in typical Chinese tobacco-growing soils: Concentrations, influence factors and potential health risks. Chemosphere, 245 (C): 125591.

Yang Y, Chang A C, Wang M, et al. 2018. Assessing cadmium exposure risks of vegetables with plant uptake factor and soil property. Environmental Pollution, 238: 263-269.

Zhang X, Wei X, Sang Q, et al. 2020. An efficient FPGA-based implementation forquantized remote sensing image sceneclassification network. Electronics, 9: 1344.

| 第 2 章 | 区域地下水脆弱性分析

针对区域尺度地下水脆弱性评价模型性能有待提升且在参数权重赋值过程中主观性较强等问题，以南方某发达工业城市为研究区，以浅层地下水为研究对象，新增土地利用类型参数，优化 BPNN 和构建 DRASTICL 模型，建立 BPNN-DRASTICL 模型，利用地下水硝酸盐浓度与脆弱性指数的相关系数进行模型验证，并根据地下水脆弱性分布特点提出地下水污染风险管控对策。结果表明，训练函数为 trainlm、学习率为 0.1 和隐含层神经元节点数为 6 时，BPNN 效果最好，相应获得的最优 DRASTICL 模型参数权重依次是 0.1420（地下水埋深，D）、0.1151（净补给量，R）、0.0791（含水层介质，A）、0.1833（土壤介质，S）、0.0908（地形，T）、0.1574（包气带介质影响，I）、0.0891（渗透系数，C）和 0.1433（土地利用类型，L）。D、S、I 和 L 对脆弱性评价结果的影响最大。与 DRASTIC 模型和 DRASTICL 模型相比，BPNN-DRASTICL 模型的 Pearson 和 Spearman 相关系数最高，分别达 0.615 和 0.656。研究区地下水脆弱性以极低脆弱性和低脆弱性为主。对于极高脆弱性和高脆弱性地区需要从污染源和污染物迁移途径方面进行风险管控。为减少人为主观性的影响，利用 BPNN 确定 DRASTICL 模型参数权重比专家打分法更准确。

2.1 材料与方法

2.1.1 研究区概况

研究区为南方某发达工业城市，地势北高南低，发育有震旦纪至第四纪地层，地质构造有褶皱、断裂等，西部地区岩溶地貌发育（图 2-1）。属中亚热带湿润型季风气候，年平均降水量 1682mm，年平均气温 21℃。中部河谷平原赋存第四系孔隙潜水，埋深普遍较浅，主要接受降水补给。碳酸盐岩为主要含水岩组，在河谷低洼地带有上升泉群出露，为地下水排泄区。有色金属冶炼、矿山开采等工业活动产生固体废弃物、废水、废气等，是主要的工业污染源之一；农药及化肥施用是主要的农业污染源之一；生活垃圾填埋场是主要的生活污染源之一。地下水水化学类型以 $SO_4 \cdot HCO_3$-$Ca \cdot Mg$ 型、HCO_3-$Ca \cdot Mg$ 型 $SO_4 \cdot Cl$-$Ca \cdot Mg$ 型和 $SO_4 \cdot Cl$-$Ca \cdot Na$ 型为主。地下水水化学组分主要受控于岩石风化作用和阳离子交换作用。部分矿区酸性废水及土壤重金属在淋滤作用下迁移至地下水，造成重金属污染（周建民等，2004）。

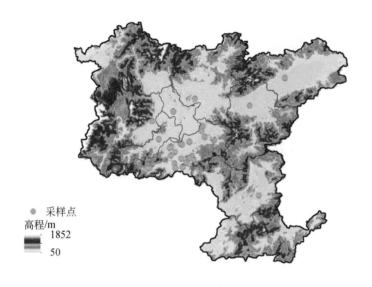

图 2-1 研究区位置、数字高程模型和样品采集点位

2.1.2 数据收集

地下水埋深、含水层介质、土壤类型、包气带介质和渗透系数等数据由中国地质调查局自然资源实物地质资料中心提供；地形和土地利用类型数据由中国科学院地理科学与资源研究所提供；大气降水数据来自研究区的 8 个雨量站。

2.1.3 样品采集与测试

2021 年 6 ~ 7 月，在民井、钻孔及监测井中采集 30 个地下水样品（潜水）（图 2-1）。在样品采集过程中，记录各个采样点位的土地利用类型、地形、海拔、经纬度等信息（图 2-1）。样品采集当日送至广州市苏伊士环境检测技术有限公司，并按照《地下水质量标准》（GB/T 14848—2017）中推荐的检测方法测定硝酸盐浓度。

2.1.4 DRASTIC 模型

DRASTIC 模型主要用于评价地下水脆弱程度（Mfonka et al.，2018；于林弘等，2020；徐超等，2020；杨宁等，2019）见式（2-1）：

$$DI = D_r D_w + R_r R_w + A_r A_w + S_r S_w + T_r T_w + I_r I_w + C_r C_w \qquad (2-1)$$

式中，DI 为地下水脆弱性指数；D 为地下水埋深；R 为净补给量；A 为含水层介质；S 为土壤介质；T 为地形；I 为包气带介质影响；C 为渗透系数；w 为每个参数的权重；r 为每个参数中各个等级的评分值，为 1 ~ 10 的整数。DI 值越大，表明脆弱性越大，地下水越容易受到污染；相反，则表明脆弱性越小，地下水越不容易受到污染。DRASTIC 模型的各个参数评分值及权重见表 2-1（Yang et al.，2017）。

2.1.5 BPNN

BPNN 是在反向传播基础上发展起来的一种前馈型人工神经网络算法（图 2-2），可拟合复杂的非线性关系，已被广泛应用于结果预测、参数权重求解及数值模拟等方面（Kuang et al.，2017；任加国等，2021；张天云等，2012；赵军等，2020）。

BPNN 的主要运算流程涉及样本信号的前向传播和转化及误差的逆向反馈，即输入信号通过输入层的归一化处理及隐含层的非线性计算，从输出层产生相应的输出信号。通过与实际输出信号进行对比得到误差，借由误差的反向

表 2-1 DRASTIC 模型参数评分值及权重

地下水埋深 (D) /m 权重:5		净补给量 (R) /mm 权重:4		含水层介质 (A) 权重:3		土壤介质 (S) 权重:2		地形 (T) /% 权重:1		包气带介质影响 (I) 权重:5		渗透系数 (C) / (m/d) 权重:3		土地利用类型 (L) (Yang et al., 2017) 权重:5	
范围	评分	范围	评分	类型	评分	类型	评分	范围	评分	类型	评分	范围	评分	范围	评分
0~1.5	10	0~50.8	1	页岩	2	裸土	10	0~2	10	隔水层	1	0.04~4.1	1	草地	1
1.5~4.6	9	50.8~101.6	3	变质岩	3	砾石	10	2~6	9	黏土	2	4.1~12.3	2	林地	2
4.6~9.1	7	101.6~177.8	6	风化变质岩	4	砂土	9	6~12	5	页岩	3	12.3~28.7	4	水域	3
9.1~15.2	5	177.8~254	8	冰碛物	5	泥炭	8	12~18	3	石灰岩	5	28.7~41	6	排地	6
15.2~22.8	3	>254	9	层状灰岩	6	胀缩性黏土	7	>18	1	砂岩	6	41~82	8	居住用地	8
22.8~30.4	2			砂岩	6	砂质壤土	6			层状灰岩	6	>82	10	建设用地	10
>30.4	1			石灰岩	7	壤土	5			砂砾	6				
				砂石	8	粉质砂壤土	4			变质岩	4				
				玄武岩	9	泥质壤土	3			砂石	8				
				岩溶石灰岩	10	淤泥、废渣	2			玄武岩	9				
						非胀缩性黏土	1			岩溶石灰岩	10				

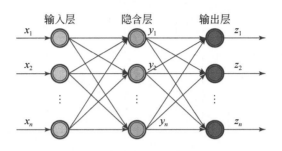

图 2-2　反向传播神经网络概念图

传播，不断调整网络的权值和阈值；当得到的输出结果在预定的误差范围内时，网络训练结束；通过调取权重矩阵计算输入层参数的最佳权重（黄元生和张利君，2019；孙会君和王新华，2001）［式（2-2）~式（2-4）］。

$$\begin{cases} r_{ij} = \sum_{k=1}^{p} w_{ki}(1 - e^{-x})/(1 + e^{-x}) \\ x = w_{jk} \end{cases} \tag{2-2}$$

$$\begin{cases} R_{ij} = \left| (1 - e^{-y})/(1 + e^{-y}) \right| \\ y = r_{ij} \end{cases} \tag{2-3}$$

$$S_{ij} = R_{ij} / \sum_{i=1}^{m} R_{ij} \tag{2-4}$$

式中，i 为神经网络输入单元，$i=1,\cdots,m$；j 为神经网络输出单元，$j=1,\cdots,n$；k 为神经网络隐含单元，$k=1,\cdots,p$；w_{ki} 为输入层神经元 i 与隐含层神经元 k 之间的权系数；w_{jk} 为输出层神经元 j 和隐含层神经元 k 之间的权系数；S_{ij} 为所求的参数权重；R_{ij} 为相关系数；r_{ij} 为相关显著性系数。

2.1.6　实验设计

1. DRASTICL 模型构建

以 DRASTIC 模型为基础，引入"土地利用类型"参数，构建 DRASTICL 模型。结合前人已有成果，采用 DRASTIC 模型的参数权重和评分（表 2-1）（Yang et al.，2017；钟佐燊，2005），利用 ArcGIS 10.5 软件绘制各个参数的评分图并进行图层叠加，形成基于 DRASTICL 模型的脆弱性空间分布图。使用自然间断法将脆弱性等级划分为极低脆弱性、低脆弱性、中脆弱性、高脆弱性和极高脆弱性。

2. BPNN 算法构建与优化

训练集和验证集比例设定为 8 ∶ 2。调节训练函数（trainlm、traingd、traingdm、traingda、traingdx、trainrp、traincgf、traincgp、traincgb、trainscg、trainbfg、trainoss）、隐含层神经元节点数（3、4、5、6、7、8、9、10、11、12、13）和学习率（0.001、0.005、0.01、0.05、0.1 和 0.5）3 个超参数。以相关系数（R^2）和均方误差（MSE）为评价指标，确定最佳超参数。R^2 用来表征预测值与实测值的拟合程度，R^2 越接近 1 表明拟合程度越好；MSE 用来表征预测的准确率，MSE 越接近 0 表明预测越准确。

3. BPNN-DRASTICL 模型开发

利用 Matlab 2016 软件，在最佳超参数条件下，以 DRASTICL 模型的各个参数为输入层，以 DI 为输出层，获取输入层参数的最佳权重。利用 BPNN 确定的最佳权重作为 DRASTICL 模型的权重，构建形成 BPNN-DRASTICL 模型（图 2-3）。利用 ArcGIS 10.5 软件绘制各个参数的评分图并进行图层叠加，形成基于 BPNN-DRASTICL 模型的脆弱性空间分布图。同样，使用自然间断法将脆弱性等级划分为极低脆弱性、低脆弱性、中脆弱性、高脆弱性和极高脆弱性。

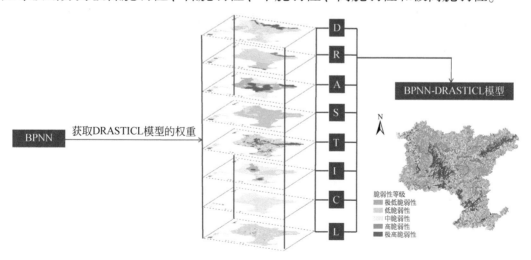

图 2-3 BPNN-DRASTICL 模型构建流程框架

4. 模型验证与比选

根据 DRASTIC 模型的参数权重和评分细则（表 2-1），分别绘制 DRASTIC 模型、DRASTICL 模型和 BPNN-DRASTICL 模型的脆弱性评价图。借助 SPSS 22.0 软件，利用地下水硝酸盐浓度与脆弱性指数的相关系数验证三个模型的准确性［式（2-5）和式（2-6）］，并筛选确定最优的脆弱性模型。

$$\rho_{\mathrm{P}} = \frac{\sum\limits_{i=1}^{n} x_i y_i - \dfrac{\sum\limits_{i=1}^{n} x_i \sum\limits_{i=1}^{n} y_i}{n}}{\sqrt{\sum\limits_{i=1}^{n} x_i^2 - \dfrac{(\sum\limits_{i=1}^{n} x_i)^2}{n}} \sqrt{\sum\limits_{i=1}^{n} y_i^2 - \dfrac{(\sum\limits_{i=1}^{n} y_i)^2}{n}}} \tag{2-5}$$

$$\rho_{\mathrm{S}} = 1 - \frac{6 \sum d_i^2}{n(n^2 - 1)} \tag{2-6}$$

式中，x_i 为自变量，即实测的硝酸盐浓度值；y_i 为因变量，即脆弱性指数；n 为数据数量；d_i 为秩次差；ρ_{P} 为 Pearson 相关系数；ρ_{S} 为 Spearman 相关系数。

5. 评价结果分析与应用

从面积和空间两个角度，分析地下水脆弱性评价结果。根据脆弱性面积分布和空间分布特征及 BPNN–DRASTICL 模型参数评分特征，提出不同的地下水污染风险管控对策。

2.2 结果与讨论

2.2.1 BPNN 超参数优化

训练函数对 BPNN 预测性能的影响见图 2-4，隐含层神经元节点数对 BPNN 预测性能的影响见图 2-5，学习率对 BPNN 预测性能的影响见图 2-6。

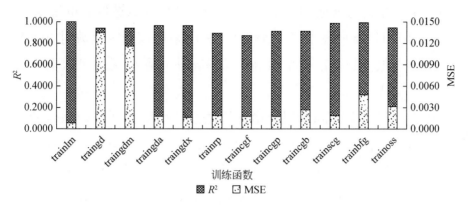

图 2-4 训练函数对 BPNN 预测性能的影响

R^2：相关系数；MSE：均方误差；下同

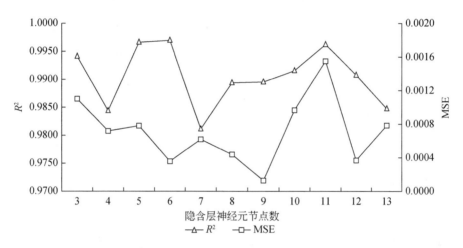

图 2-5 隐含层神经元节点数对 BPNN 预测性能的影响

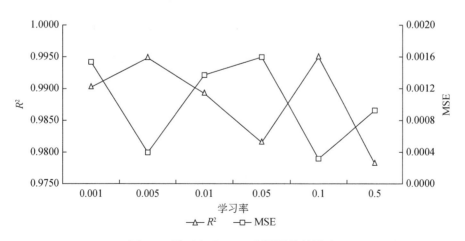

图 2-6 学习率对 BPNN 预测性能的影响

由图 2-4 可知，与其他训练函数相比，当训练函数选取 trainlm 函数时，R^2 最大（0.9971）且 MSE 最小（0.0007），表明采用该训练函数时 BPNN 的拟合程度最好、表现最优越且准确率最高。trainlm 训练函数无须二次求导，运行速度极快。

一般而言，设置多个隐含层会增加算法复杂程度，延长训练时间且精度提升效果不明显。因此，本书设置单个隐含层。隐含层神经元个数设置过多会造成过拟合，过少则训练不周、预测性能受到影响。由图 2-5 可知，当隐含层神经元节点个数为 6 时，R^2 最大（0.9968）且 MSE 最小（0.0003），表明采用该隐含层节点个数时 BPNN 的拟合程度最好且准确率最高。

BPNN 的学习率决定学习过程中的权值变化，学习率选取过大会导致过拟合，过小则导致收敛慢、精度低。由图 2-6 可知，当学习率为 0.1 时，R^2 较好（0.9944）且 MSE 最小（0.0003），表明采用该学习率时 BPNN 的拟合程度最好且预测准确性最高。

综上，当训练函数取 trainlm、学习率取 0.1 和隐含层神经元节点数取 6 时，BPNN 的拟合程度最好（R^2 为 0.9971）且准确率最高（MSE 为 0.0002）。

2.2.2　BPNN-DRASTICL 模型构建

在 BPNN 的最优超参数条件下（图 2-4 ~ 图 2-6），得到 DRASTICL 模型中各个参数的最优权重（表 2-2），进而构建形成 BPNN-DRASTICL 模型［式（2-7）］。由表 2-2 可知，D、S、I 和 L 对脆弱性评价结果的影响最大。

表 2-2　基于 BPNN 的 DRASTICL 模型最优权重

评价参数	地下水埋深（D）	净补给量（R）	含水层介质（A）	土壤介质（S）	地形（T）	包气带介质影响（I）	渗透系数（C）	土地利用类型（L）
权重	0.1420	0.1151	0.0791	0.1833	0.0908	0.1574	0.0891	0.1433

$$DI = 0.1420D_r + 0.1151R_r + 0.0791A_r + 0.1833S_r + 0.0908T_r + 0.1574I_r \\ + 0.0891C_r + 0.1433L_r \tag{2-7}$$

式中，DI 为脆弱性指数；D 为地下水埋深；R 为净补给量；A 为含水层介质；S 为土壤介质；T 为地形；I 为包气带介质影响；C 为渗透系数；L 为土地利用类型；r 为每个参数中各个等级的评分值。

2.2.3 脆弱性评价模型验证与比选

DRASTIC 模型与 DRASTICL 模型区别在于，后者考虑了土地利用类型，能更好地反映现有条件下地下水的防污性能。DRASTICL 模型与 BPNN-DRASTICL 模型的差异在于，后者利用 BPNN 确定 DRASTICL 模型的参数权重，减少了人为主观性。DRASTIC 模型、DRASTICL 模型、BPNN-DRASTICL 模型的 Pearson 相关系数和 Spearman 相关系数见表 2-3。

表 2-3   不同脆弱性模型下硝酸盐浓度与脆弱性指数的相关系数

模型	Pearson 相关系数	Spearman 相关系数
DRASTIC	0.451	0.553
DRASTICL	0.392	0.382
BPNN-DRASTICL	0.615	0.656

与 DRASTIC 模型和 DRASTICL 模型相比，BPNN-DRASTICL 模型的 Pearson 相关系数和 Spearman 相关系数均最大，分别为 0.615 和 0.656（表 2-3），说明 BPNN-DRASTICL 模型评价结果更准确，更符合实际。这是缘于 BPNN 具有强大的自适应能力和非线性映射能力，能充分挖掘数据背后所隐含的内在联系，消除人为主观的影响，进而能客观地为 DRASTICL 模型的各个参数赋予权重。虽然相比于 DRASTIC 模型和 DRASTICL 模型，BPNN-DRASTICL 模型具有更好的性能并且实现了客观权重赋值，但是 BPNN 自身存在容易陷入局部极小值的缺陷，导致预测结果不稳定，往往需要与粒子群、遗传算法及蚁群优化等其他算法耦合（陈红兵等，2021），这值得深入研究。

2.2.4 脆弱性分布特征分析

基于 BPNN-DRASTICL 模型的脆弱性面积占比见表 2-4，基于 BPNN-DRASTICL 模型的脆弱性空间分布见图 2-7，地下水埋深、净补给量、含水层介质、土壤介质、地形、包气带介质影响、渗透系数及土地利用类型参数评分结果见图 2-8。

表 2-4　基于 BPNN-DRASTICL 模型的脆弱性面积占比

脆弱性等级	极低脆弱性	低脆弱性	中脆弱性	高脆弱性	极高脆弱性
面积占比/%	27.24	27.09	23.02	16.41	6.24

图 2-7　基于 BPNN-DRASTICL 模型的脆弱性空间分布

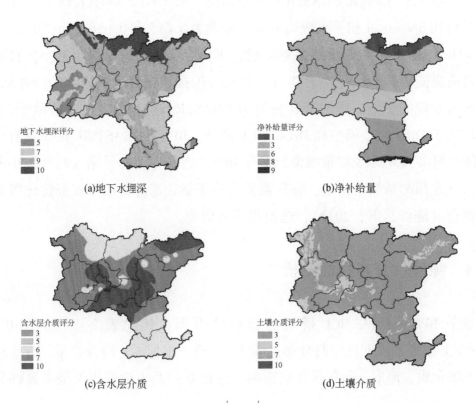

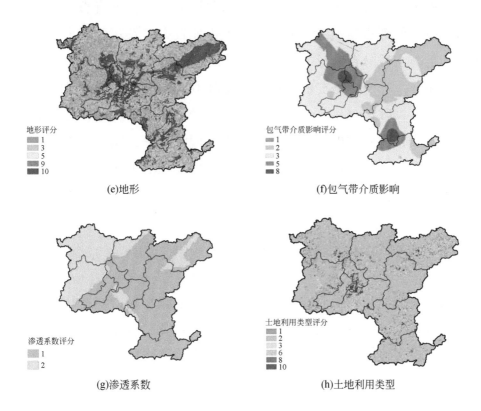

图 2-8　脆弱性参数评分

从面积分布上看，极低脆弱性面积占研究区面积的 27.24%，低脆弱性面积占研究区面积的 27.09%，中脆弱性面积占研究区面积的 23.02%，高脆弱性面积占研究区面积的 16.41%，极高脆弱性面积占研究区面积的 6.24%（表 2-3），表明研究区以极低脆弱性和低脆弱性为主。

从空间分布上看，极高脆弱性和高脆弱性主要分布在中部、西部、东北部及南部（表 2-3），相应的地形评分、地下水埋深评分、含水层介质评分、包气带介质影响评分、土地利用类型评分均较高 ［图 2-8（e）、（a）、（c）、（f）、（h）］。这些地区地形平坦，地下水埋藏浅，含水层以砾卵石和砂质黏土为主，包气带以粗砂和粉砂土为主，降水滞留时间长，地表污染物容易随降水直接入渗进入地下水；西部地区岩溶发育，地表漏斗、落水洞发育，污染物可通过管道直接进入地下水；居民区和工业园分布广泛。中脆弱性零星分布（图 2-7），相应的地形评分、地下水埋深评分、包气带介质影响评分、土地利用类型评分均较低 ［图 2-8（e）、（a）、（f）、（h）］。这些地区地形较陡，降水容易形成地表径流，地下水埋藏较浅；包气带介质以碎屑岩为主，垂直裂隙发育，而含水层介质为以灰质砾岩为主的碎屑岩；耕地占比较大，农药化肥大量施用。极低脆弱性和低脆弱性分布广泛（图2-7），相应的地形评分、地下水埋深评分、含水层介质评分、包气带介质影响评分、土地利用类型评分均相对低［图2-8（e）、（a）、（c）、（f）、（h）］。这些地区地势较高，地形陡峭，降水滞留时间短，形成的地表径流向盆地中心汇集，地下水埋藏较深，基岩裂隙小，含水层介质以风化花岗岩为主，包气带厚度大且存在大面积的山区及森林保护区，污染源分布少。

2.2.5 地下水污染风险管控对策

针对极高脆弱性和高脆弱性地区，需要从污染源和污染物迁移途径方面进行风险管控（图2-7和图2-8）。严控溶洞和落水洞周边的工业、农业和生活污染源。严格建设用地准入，严禁开发利用未完成治理修复的关闭搬迁类污染场地。对于现有在产类重点行业企业，实施清洁生产，严格落实固体废弃物（含危险废弃物）堆场、原辅料堆存区、涉产排污工段、污水处理站的防渗措施，完善雨污分流系统，开展污染隐患排查与整改，进行地下水自行监测。完善垃圾填埋场和危险废物处置场的防渗措施，定期监测地下水水质状况。

针对中脆弱性地区，考虑地形（陡峭）、土地利用类型（以耕地为主）、包气带介质和含水层介质，需要强化农业污染源头防控（图2-7和图2-8）。严控农膜使用量，开展化肥农药零增长行动。对于农村规模化养殖户，及时收集并处理处置畜禽排泄物。

针对极低脆弱性和低脆弱性地区，结合地形特点（以山地丘陵为主）及植被特点（森林植被覆盖率较高），需要"保护优先，控制开发"（图2-7和图2-8）。严格限制工业开发利用，制定建设用地准入条件，从严审批重点行业新改扩建项目。

2.3 小 结

（1）当训练函数取trainlm、学习率取0.1和隐含层神经元节点数取6时，

BPNN 的拟合程度最好（R^2 为 0.9971）且准确率最高（MSE 为 0.0002）。

（2）BPNN-DRASTICL 模型的评价结果更准确，权重赋值客观，能映射出复杂参数间内在联系。

（3）研究区以极低脆弱性和低脆弱性为主，相应的面积占研究区面积的54.33%，地下水不易受到污染。

（4）极高脆弱性和高脆弱性地区需要从污染源和污染物迁移途径方面进行风险管控；严控岩溶区的工业、农业和生活污染源；严格建设用地准入；重点行业企业实施清洁生产，开展污染源排查整治，进行地下水自行监测；完善城市垃圾填埋场防渗措施。

参 考 文 献

陈红兵，孙俊辉，王聪聪，等. 2021. 应用遗传算法优化 BP 神经网络预测太阳能 PV/T 系统热电产出. 热科学与技术，20（5）：480-487.

黄元生，张利君. 2019. 基于遗传算法的 BP-LSSVM 组合变权模型权重优化的短期电价预测研究. 煤炭工程，51（5）：172-176.

任加国，龚克，马福俊，等. 2021. 基于 BP 神经网络的污染场地土壤重金属和 PAHs 含量预测. 环境科学研究，34（9）：2238-2247.

孙会君，王新华. 2001. 应用人工神经网络确定评价指标的权重. 山东科技大学学报（自然科学版），20（3）：84-86.

徐超，周嘉月，何旭佳，等. 2020. 基于改进 DRASTIC 模型的陕西省地下水脆弱性评价. 中国农村水利水电，（3）：44-51.

杨宁，陶志斌，高松，等. 2019. 基于 AHP 的 DRASTIC 模型对莱州地区地下水脆弱性研究. 地质学报，93（S1）：133-137.

杨昱，廉新颖，马志飞，等. 2017. 污染场地地下水污染风险分级技术方法研究. 环境工程技术学报，7（3）：323-331.

于林弘，陶志斌，扈胜涛，等. 2020. DRASTIC 模型在地下水脆弱性评价中的应用. 人民黄河，42（S1）：45-46，50.

张天云，陈奎，魏伟，等. 2012. BP 神经网络法确定工程材料评价指标的权重. 材料导报，26（1）：159-163.

赵军，张祯宇，谢哲宇，等. 2020. 基于 BP 人工神经网络的闽江口水厂水质模拟. 环境科学与技术，43（S1）：198-203.

钟佐燊. 2005. 地下水防污性能评价方法探讨. 地学前缘，12（S1）：3-11.

周建民，党志，司徒粤，等. 2004. 大宝山矿区周围土壤重金属污染分布特征研究. 农业环境科学学报，

23（6）：1172-1176.

Kuang Y T, Singh R, Singh S, et al. 2017. A novel macroeconomic forecasting model based on revised multimedia assisted BP neural network model and ant Colony algorithm. Multimedia Tools and Applications，76（18）：18749-18770.

Mfonka Z, Ndam Ngoupayou J R, Ndjigui P D, et al. 2018. A GIS- based DRASTIC and GOD models for assessing alterites aquifer of three experimental watersheds in Foumban（Western-Cameroon）. Groundwater for Sustainable Development，7：250-264.

Yang J, Tang Z, Jiao T, et al. 2017. Combining AHP and genetic algorithms approaches to modify DRASTIC model to assess groundwater vulnerability：A case study from Jianghan Plain, China. Environmental Earth Sciences，76（12）：426-442.

|第3章| 区域土壤污染与工业企业 空间相关关系分析

　　针对区域尺度土壤重金属污染与其污染源的空间相关关系分析方法较少、精准性不高等问题，以南方某发达工业城市为研究区，以重点行业企业为污染源，基于ArcGIS和GeoDa平台，利用核密度估计与双变量局部莫兰指数，剔除背景值后，分别分析重点行业企业空间分布特征和土壤重金属人为源污染情况，并建立重金属人为源污染与重点行业企业的相关关系。结果表明，重点行业企业以化工、冶炼与压延加工行业为主，分别占重点行业企业总数的34.62%与28.79%；各个县级行政区域均存在重点行业企业聚集现象，特别在C、E和F三个县级行政区域最为显著；土壤As、Cd、Hg、Pb、Cr、Cu、Zn和Ni污染均受到人类活动的影响，且As、Cd、Hg污染受人类活动影响较为严重，在空间上呈局部区域性。在各个聚集区，不同重金属人为源污染与不同重点行业企业的相关关系在空间上具有一定的相似性："高-高"聚集区域主要分布在C、E、F三个区域，表明快速发展的经济已对这些区域土壤生态环境造成一定的破坏和影响；"低-低"聚集区域主要分布在研究区东北部及B、C、F区域西南部和部分J区域，表明这些区域应做好土壤优先保护；"高-低"聚集区域主要分布在西北部，推测这些区域存在其他污染源；"低-高"聚集区域主要分布在G区域西南部、D区域中部、H区域中部及"高-高"集聚区域的边缘部分，表明虽然这些区域人为源污染不明显，但也需做好土壤污染源头预防。As、Cd和Hg人为源污染受化工和冶炼与压延加工行业企业影响显著，在重点行业企业聚集区域人为源污染较重。

3.1 材料与方法

3.1.1 研究区概况

研究区为南方某发达工业城市，位于南岭山脉南缘，三面环山，地势北高南低，河谷和盆地错落其间。河谷和盆地面积约为 $2754km^2$，丘陵和山地面积约为 $10478km^2$，台地面积约为 $618km^2$，分别占研究区面积的 14.8%、56.3% 和 3.3%。属亚热带季风气候，年平均降水量为 1682mm，年平均气温为 21℃。降水时空分配不均匀，南多北少，西多东少，山区多于平原，春夏多于秋冬。浈江、武江等河流众多，径流量主要来自降水。总出境水量为 $2.16 \times 10^{10} m^3$，是总入境水量的 6 倍。地表水和地下水资源量比较丰富。矿产资源比较齐全，已发现的有黑色金属矿产、有色金属矿产、贵金属矿产、稀土金属矿产、放射性矿产、非金属矿产、建筑材料矿产、地下水和地下热水等 12 大类 88 种矿产。

3.1.2 基础数据

涉重金属重点行业企业数据（表3-1）（1886家）：企业名称、经纬度、行

表 3-1 涉重金属重点行业企业数据

序号	行业类别	重点行业企业数量/家
1	化工	653
2	冶炼与压延加工	543
3	金属表面处理及热处理加工	210
4	毛皮、皮革鞣制及制品加工	146
5	环境设施管理	122
6	造纸	80
7	仓储	52
8	电池制造	50
9	采选	30

政区域和行业类别。土壤点位数据（3963 个点位，样品深度 0~20cm）：样品编号、经纬度、重金属名称和浓度。土壤背景值数据（8 条）：重金属名称和浓度。

3.1.3　数据预处理

土壤特异值对变异函数具有显著影响，会造成模型参数错误，进而影响内插值精度和引起输出结果变形。本书采用域法识别特异值，剔除 $X \pm 3S$（X 为样本算术平均值；S 为样本标准差）以外的异常值，然后分别用正常的最大和最小值代替特异值（杜瑞英等，2017；张长波等，2006），进而保障内插值精度和防止输出结果变形。

3.1.4　研究方法

1. 核密度估计

核密度估计（KDE）是一种用于点、线要素空间分布模式分析的表面密度计算方法，其中，点核密度的每个点上方均覆盖着一个平滑曲面，考虑点对周围位置影响的距离衰减作用，在点所在位置处表面值最大，随着与点的距离的增大表面值逐渐减小，在与点的距离等于搜索半径的位置处表面值为零（Jia et al.，2019；崔晓杰等，2019；禹文豪和艾廷华，2015）。本书使用 KDE 建立涉重金属重点行业企业的光滑曲面［式（3-1）］。

$$\rho(s) = \frac{1}{nr} \sum_{i=1}^{n} k\left(\frac{d_{is}}{r}\right) \tag{3-1}$$

式中，$\rho(s)$ 为重点行业企业密度；r 为搜索半径；n 为在 r 内重点行业企业数量；d_{is} 为点 i 与点 s 的距离；k 为 d_{is} 的权值。

2. 反距离权重

反距离权重（IDW）主要基于相近相似原理，以插值点与样本点间的距离为权重进行加权平均，离插值点越近的样本点赋予的权重越大。本书利用 IDW

获取土壤污染空间分布 [式 (3-2) ~式 (3-4)]。

$$Z(S_0) = \sum_{i=1}^{N} \lambda_i Z(S_i) \tag{3-2}$$

$$\lambda_i = \frac{d_{i0}^{-p}}{\sum_{i=1}^{N} d_{i0}^{-p}} \tag{3-3}$$

$$\sum_{i=1}^{N} \lambda_i = 1 \tag{3-4}$$

式中，$Z(S_0)$ 为 S_0 处预测值；S_0 为预测点位；$Z(S_i)$ 为 S_i 处测量值；S_i 为已知点位；N 为计算过程中要使用的预测点周围样点数；λ_i 为计算过程中使用的各个样点权重；d_{i0} 为预测点 S_0 与已知点 S_i 的距离；p 为指数值，用于控制权重值的降低。

3. 双变量局部莫兰指数

双变量局部莫兰指数（BLMI）是用来检验空间变量与空间邻近空间变量相关性的常用指标之一，通常以全局和局部两个指标来度量。其中，局部指标用来表示每一个单元与相邻单元的相关性，高值表明有相似变量值的面积单元在空间上聚集，低值表明不相似变量的面积单元在空间上聚集。另外，BLMI还可反映自变量与因变量间的高低聚集关系，体现二者之间的协同作用（于靖等，2020；崔瀚文，2013；李翔，2018）。本书利用 BLMI（白永亮和杨扬，2019；徐周芳，2017）建立土壤重金属人为源污染与重点行业企业空间分布相关关系 [式 (3-5)]。

$$I_{kl} = \frac{x_k^i - m_k}{S_k^2} \sum_{j=1}^{n} w_{ij} \frac{x_l^j - m_l}{S_l^2} \tag{3-5}$$

式中，x_k^i 为空间单元 i 上 k 变量观测值；x_l^j 为空间单元 j 上 l 变量观测值；m_k、m_l 为 k、l 变量观测值的平均值；w_{ij} 为空间权重矩阵；S_k^2、S_l^2 为 k、l 变量观测值的方差。I_{kl} 为正值表示高值（低值）被周边的高值（低值）包围；反之，负值表示高值（低值）被周边的低值（高值）包围。

3.1.5　实验设计

1. 重点行业企业空间分布

以 1886 家重点行业企业数据为基础，根据重点行业企业的经纬度，利用 ArcGIS 10.6 软件对重点行业企业在空间上进行展布，分析重点行业企业的聚集离散程度和分布特征，并统计各个县级行政区域重点行业企业数量。

2. 土壤重金属浓度描述性统计

以 8 种土壤重金属浓度为基础，利用 ArcGIS 10.6 软件，剔除异常值后，利用地统计分析模块中直方图获取最大值、最小值、中位数和平均值等统计指标。

3. 土壤重金属人为源污染空间分布

基于土壤重金属浓度数据，在剔除背景值影响后，利用 IDW 进行重金属浓度的空间插值预测，调整像素大小和搜索半径（点位和最大距离）两个参数，获取拟合的最优插值结果，进而分析土壤重金属人为源污染空间分布特征。

4. 土壤重金属污染与企业空间关系构建

利用 KDE 对重点行业企业在空间上进行量化，将重点行业企业密度值与土壤重金属人为源污染分布值提取到相应区域的点文件中，并将其空间关联转化为覆盖研究区的 1km×1km 网格文件。随后，以重金属人为源污染浓度为第一变量，重点行业企业密度为第二变量，利用 GeoDa 1.20 软件（https://github.com/GeoDaCenter）中 BLMI，对重金属浓度与重点行业企业的空间聚集性进行测算，并对结果进行显著性检验（5%）。在此基础上，构建并分析土壤重金属人为源污染与重点行业企业的相关关系。

3.2 结果与讨论

3.2.1 重点行业企业空间分布分析

各个县级行政区域重点行业企业数量分布和重点行业企业空间分布分别见图3-1和图3-2。由图3-1可知，重点行业企业在C和E区域数量最多，分别占重点行业企业总数的21.58%和20.04%；F和G区域次之，分别占重点行业企业总数的13.26%和11.40%。由图3-2可知，重点行业企业在各个区域均存在集聚现象，在C、E和F三个区域最为显著，A区域东北部、D区域西南部、G区域西南部和H区域北部次之，且多沿河流分布。由图3-2和表3-1可知，化工行业企业最多（653家），占重点行业企业总数的34.62%，在C、E两个区域区域性分布显著，其他区域局部也存在集聚现象；冶炼与压延加工行业企业数量次之（543家），占重点行业企业总数的28.79%，在C、E、G三个区域区域性分布同样显著，A、B、D、G区域局部也存在重点行业企业集聚现象，其他区域较为分散；金属表面处理及热处理加工行业企业（210家），毛皮、皮革鞣制及制品加工行业企业（146家），环境设施管理行业企业（122家）和仓储行业企业（52家），分别占重点行业企业总数的11.13%、7.74%、

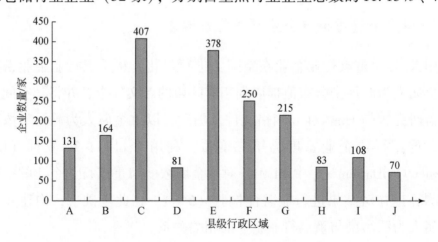

图3-1　各个县级行政区域重点行业企业数量分布

6.47% 和 2.76%，在 C、E、F 三个区域重点行业企业较为集聚；造纸行业企业（80 家）占重点行业企业总数的 4.24%，在 C 区域较为集聚；电池制造行业企业（50 家）和采选行业企业（30 家）仅占重点行业企业总数的 2.65% 和 1.59%，呈零星展布。化工和冶炼与压延加工行业企业占重点行业企业总数的 63.41%，而其余行业企业均小于重点行业企业总数的 15.00%。

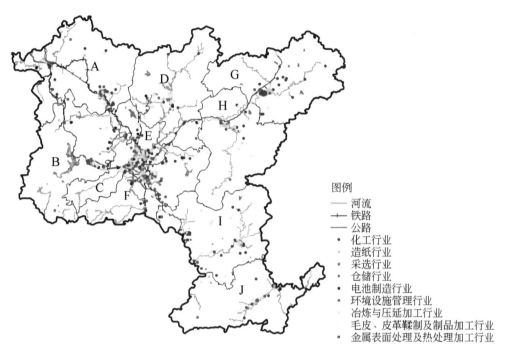

图 3-2　重点行业企业空间分布（A、B、C、D、E、F、G、H、I、J 代表不同县级行政区域）

3.2.2　土壤重金属浓度描述性统计分析

土壤重金属浓度统计性描述和背景值分别见表 3-2 和表 3-3。由表 3-2 和表 3-3 可知，土壤 As、Cd、Hg、Pb、Cr、Cu、Zn 和 Ni 浓度的中位数、平均值均大于其背景值，表明这些土壤重金属污染均受到人类活动的影响，其中，As 浓度和 Cd 浓度的平均值分别是其土壤背景值的 2.66 倍和 1.93 倍，其他重金属浓度则是其背景值的 1.20～1.34 倍。标准差代表着数据的离散程度，值越小离散程度越小。由表 3-2 可知，Cd 和 Hg 浓度数据较集中，其他重金属浓度离散程度较大。直接使用标准差判别其离散程度时需要考虑测量尺度和量纲的影响，而变异系数可弥补标准差的缺点。由表 3-2 可知，各个重金属浓度的变异系数是 As>Cd>Hg>1>0.75>Pb>Ni>Cr>Zn>Cu>0.5，表明 As、Cd 和 Hg 浓度存在极高值，分布极不均匀，受人类活动影响很大，而 Pb、Ni、Zn、Cr 和 Cu 5 个重金属浓度相对分布较不均匀，受人类活动影响较小。不难看出，As、Cd 和 Hg 浓度受人类活动影响较为严重。

表 3-2　土壤重金属浓度统计性描述

重金属	最小值/ (μg/g)	最大值/ (μg/g)	中位数/ (μg/g)	平均值/ (μg/g)	标准差	变异系数 /%
Cd	0.00	2.09	0.16	0.27	0.33	123.56
Hg	0.01	2.16	0.10	0.13	0.13	100.01
As	0.26	209.88	8.33	18.09	29.64	163.85
Cu	1.66	74.59	17.31	19.15	12.38	64.66
Pb	3.96	352.75	49.21	58.45	43.36	74.19
Zn	11.05	501.90	66.25	75.99	50.51	66.47
Ni	1.44	70.79	13.65	16.63	12.05	72.48
Cr	2.81	169.59	45.14	47.41	31.54	66.51

表 3-3　土壤重金属背景值

重金属	Cd	Hg	As	Cu	Pb	Zn	Ni	Cr
背景值/(μg/g)	0.14	0.10	6.80	14.82	45.84	63.22	12.41	35.61

3.2.3　土壤重金属人为源污染空间分布分析

土壤 As、Cd 和 Hg 人为源污染空间分布见图 3-3。由图 3-3 可知，土壤 As、Cd、Hg 人为源污染较严重区域呈区域性特点，其中，As 主要分布在 A、B、C、H 区域，呈片状分布；Cd 主要分布在研究区西部，尤其在 C、E、F 区域最为严重；Hg 主要分布在 B、C、F 区域。同时，三者在其他区域也有零星分布。综上，研究区西部较东部受人类活动影响大，C、E、F 区域受人类活动影响范围较聚集，缘于这些区域重点行业企业众多（图 3-1 和图 3-2），工业发展迅速，人类活动频繁。

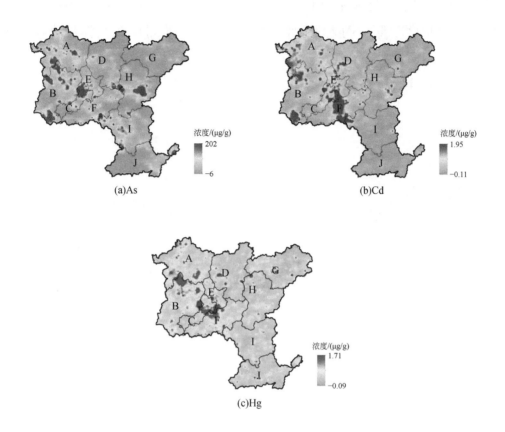

图 3-3 土壤 As、Cd、Hg 人为源污染空间分布

A、B、C、D、E、F、G、H、I、J 代表不同县级行政区域

3.2.4 土壤重金属污染与企业空间关系分析

土壤重金属人为源污染与重点行业企业空间相关关系见图 3-4。由图 3-4 可知，As、Cd、Hg 污染与化工和冶炼与压延加工行业企业的"高-高"聚集区域主要分布在 C、E、F 三个区域，A 区域东南部、B 区域东南部和 D 区域中部次之，表明这些区域重点行业企业密度较高，人为源污染比较严重，快速发展的经济已对土壤生态环境造成破坏和影响。"低-低"聚集区域主要分布在研究区东北部及 B、C、F 区域西南部和部分 J 区域（图 3-4），表明这些区域重点行业企业密度低，人为源污染较轻，受人类活动的影响较小，对此区域应做好土壤优先保护。"高-低"聚集区域主要分布在研究区西北部，且

As 污染与化工行业企业在 H 区域存在片状分布（图 3-4），表明这些区域重点行业企业密度较低，而人为源污染却很严重，推测存在其他污染源，如农药化肥的施用，对此区域应开展农业源、生活源等污染源排查整治。"低-高"聚集区域主要分布在 G 区域西南部、D 区域中部、H 区域中部及"高-

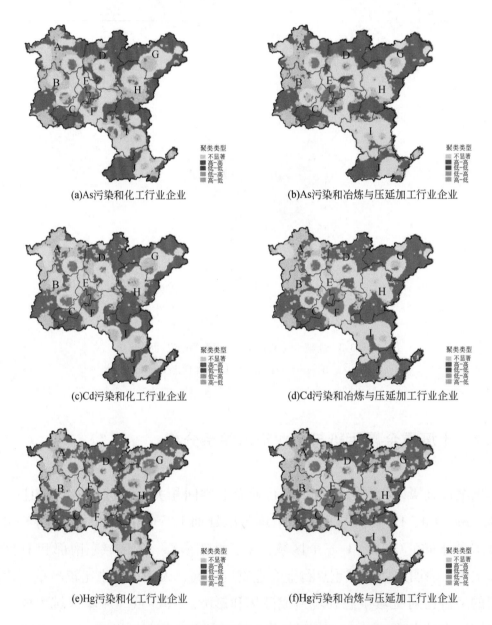

(a)As污染和化工行业企业

(b)As污染和冶炼与压延加工行业企业

(c)Cd污染和化工行业企业

(d)Cd污染和冶炼与压延加工行业企业

(e)Hg污染和化工行业企业

(f)Hg污染和冶炼与压延加工行业企业

图 3-4　土壤重金属人为源污染与重点行业企业空间相关关系

A、B、C、D、E、F、G、H、I、J 代表不同县级行政区域

高"集聚区域的边缘部分（图 3-4），表明这些区域重点行业企业密度高，人为源污染不明显，然而随着重点行业企业聚集在空间上的外溢作用、重金属的累积作用及时间的推移，其可能成为污染快速增长区域，故需做好土壤污染源头预防。综上，土壤 As、Cd 和 Hg 人为源污染受化工、冶炼与压延加工行业企业影响显著，在重点行业企业聚集区域人为源污染较重，且在各个聚集区，不同重金属人为源污染与不同重点行业企业相关关系在空间上具有一定的相似性。

3.2.5 应用实践

在国家组织的某项土壤污染状况调查中，借助 BLMI，以农用地土壤 Cd 污染为第一变量，高风险重点行业企业为第二变量，建立农用地土壤 Cd 污染与高风险重点行业企业空间关联关系，分析土壤 Cd 污染源汇关系，为农用地土壤污染溯源提供了技术支持（图 3-5）。

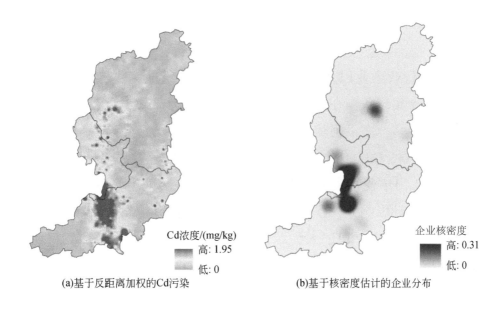

(a)基于反距离加权的Cd污染 (b)基于核密度估计的企业分布

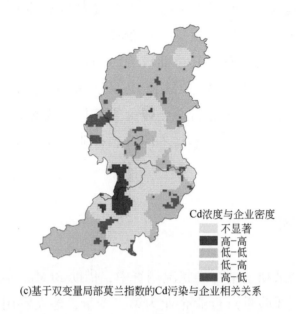

Cd浓度与企业密度
不显著
高-高
低-低
低-高
高-低

(c)基于双变量局部莫兰指数的Cd污染与企业相关关系

图3-5　农用地土壤Cd污染与高风险重点行业企业空间相关关系分析示意

3.3　小　　结

（1）重点行业企业以化工、冶炼与压延加工行业为主，其在各个县级行政区域均存在聚集现象，在C、E、F三个区域最为显著，且在C、E区域重点行业企业数量最多，多沿河流分布。

（2）土壤As、Cd、Hg、Pb、Cr、Cu、Zn和Ni污染均受到人类活动的影响，且As、Cd、Hg受人类活动影响较为严重，在空间上呈局部区域性；西部较东部受人类活动影响大，C、E、F区域受人类活动影响较聚集。

（3）土壤As、Cd和Hg人为源污染受化工和冶炼与压延加工行业企业影响显著，在重点行业企业聚集区域人为源污染浓度较高，且在各个聚集区，不同重金属人为源污染与不同重点行业企业的相关关系在空间上具有一定的相似性。

参 考 文 献

白永亮，杨扬. 2019. 长江经济带城市制造业集聚的空间外部性：识别与应用. 重庆大学学报（社会科学版），25（3）：14-28.

陈世宝，王萌，李杉杉，等. 2019. 中国农田土壤重金属污染防治现状与问题思考. 地学前缘，26（6）：35-41.

陈运帷，王文杰，师华定，等. 2019. 区域土壤重金属空间分布驱动因子影响力比较案例分析. 环境科学研究，32（7）：1213-1223.

崔瀚文. 2013. 中国西部冰川变化与湿地响应研究. 长春：吉林大学.

崔晓杰，巩现勇，葛文，等. 2019. 基于道路核密度的城市中心识别方法. 测绘科学技术学报，36（2）：190-195.

杜瑞英，文典，赵沛华，等. 2017. 农田土壤重金属污染主要来源识别研究. 农产品质量与安全，（6）：61-64.

李海光，施加春，吴建军. 2013. 污染场地周边农田土壤重金属含量的空间变异特征及其污染源识别. 浙江大学学报（农业与生命科学版），39（3）：325-334.

李娇，吴劲，蒋进元，等. 2018. 近十年土壤污染物源解析研究综述. 土壤通报，49（1）：232-242.

李翔. 2018. 基于夜光遥感数据的中国 2005-2015 年居民收入时空变化与驱动力研究. 南京：南京大学.

邵云，郝真真，王文斐，等. 2016. 土壤重金属污染现状及修复技术研究进展. 北方园艺，（17）：193-196.

陶红群，王亚婷，郭欣，等. 2018. 典型铅蓄电池场地土壤污染识别与调查研究. 环境监测管理与技术，30（4）：27-31.

韦良焕. 2003. 镉污染土壤的植物修复研究. 西安：陕西师范大学.

熊慧，杨丽虹，邓永智. 2019. 福建省安海湾、围头湾海域表层沉积物重金属含量分布特征及潜在生态风险评价. 应用海洋学学报，38（1）：68-74.

徐周芳. 2017. 京津冀城市群交通基础设施对区域经济的空间溢出效应研究. 杭州：浙江财经大学.

于靖靖，师华定，王明浩，等. 2020. 湘江子流域重点污染企业影响区土壤重金属镉污染源识别. 环境科学研究，33（4）：1013-1020.

禹文豪，艾廷华. 2015. 核密度估计法支持下的网络空间 POI 点可视化与分析. 测绘学报，44（1）：82-90.

张长波，李志博，姚春霞，等. 2006. 污染场地土壤重金属含量的空间变异特征及其污染源识别指示意义. 土壤，38（5）：525-533.

Cicchella D，Giaccio L，lima A，et al. 2013. Assessment of the topsoil heavy metals pollution in the Sarno River Basin，South Italy. Environmental Earth Sciences，71（12）：5129-5143.

Huang Y F，Chen G F，Xiong L M，et al. 2016. Current situation of heavy metal pollution in farmland soil and phytoremediation application. Asian Agricultural Research，8（1）：22-24.

Jia X L, Hu B F, Marchant B P, et al. 2019. A methodological framework for identifying potential sources of soil heavy metal pollution based on machine learning: A case study in the Yangtze Delta, China. Environmental Pollution, 250: 601-609.

Rothwell J J, Taylor K G, Chenery S R N, et al. 2010. Storage and behavior of As, Sb, Pb and Cu in ombrotrophic peat bogs under contrasting water table conditions. Environmental Science and Technology, 44 (22): 8497-8502.

第4章 区域土壤重金属污染贡献因子识别

针对区域尺度土壤重金属污染自然和人为贡献因子信息缺失，导致源解析效率和风险管控效率不高问题，以广东省某工业发达地区为研究区，提出了大数据驱动的区域土壤重金属污染贡献因子识别混合框架。在该混合框架中，利用自然语言处理、改进型 NB 和隐马尔可夫对兴趣点数据进行中类行业分类，进而识别疑似土壤污染企业；借助随机森林（RF）辅以反距离加权和 9 个环境协变量预测土壤重金属浓度及其空间分布；使用 RF 评估贡献因子对土壤重金属浓度的贡献；使用双变量局部莫兰指数建立土壤重金属浓度与环境协变量的空间聚类关系。结果表明，识别出 250 家疑似土壤污染企业，涉及 25 个中类行业，相应的两个热点主要位于中北部。当 n_{tree} 和 m_{try} 分别为 800 和 1 条件下，基于 RF 的土壤重金属浓度预测算法最理想，此时的 R^2 值为 0.85（As）、0.84（Cd）和 0.82（Hg）。影响 As 浓度的前四个贡献因子分别是污染企业（24.34%）、河流（21.44%）、土壤 pH（16.89%）和土壤有机质（15.38%），累积贡献率为 78.05%；影响 Cd 浓度的前四个贡献因子是土壤有机质（39.65%）、海拔（24.25%）、人口（14.43%）和土地利用（7.37%），累积贡献率为 85.70%；影响 Hg 浓度的前四个贡献因子是海拔（35.10%）、土壤 pH（15.03%）、人口（14.67%）和土壤有机质（9.44%），累积贡献率为 74.24%。三个重金属和四个贡献因子之间的 12 个空间聚类图揭示了它们的相互作用和内在联系，也直观地显示了不同聚类类型的空间分布。在采取土壤重金属污染风险管控措施时，应更加关注中部。该混合框架可获得丰富的贡献因子信息，如中类行业类型、贡献率、空间聚类特点和空间分布。

4.1 材料与方法

4.1.1 研究区概况

研究区（1620.85km²）位于南方某发达工业城市，该城市以非金属矿采选活动闻名，是国家土壤污染综合防治先行区之一（图4-1）。年均气温大约为20℃，极值气温为5℃（1月）和40℃（7月）（Leung et al., 2017）。年均降水为1457mm，最小值和最大值分别为1300mm和2400mm（3～8月）。无霜期约为310d。境内现有北江、马坝河等河流，属于起源于珠江水系的北河（Dong et al., 2010）。2021年拥有人口28.6万人，GDP 155亿元（人民币）。根据早期研究成果，在凡口铅锌矿、乐昌铅锌矿和大宝山矿周边土壤As、Cd和Hg浓度是背景值的8倍。

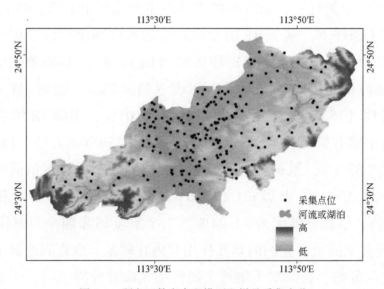

图4-1 研究区数字高程模型和样品采集点位

4.1.2 样品采集

根据现有土壤污染预分析结果，在2021年6～7月，使用不锈钢铲采集

577 个表层土壤样品（0～20cm）（图4-1）。在每个采样点位（20m×20m），使用五点采样法采集 1.5kg 土壤样品，并放入干净的聚乙烯密封袋。采集后，全部样品存放在配有蓝冰的冷藏箱中。返回实验室后，在去除碎石、草根基础上，于室温下（20℃±2℃）阴干，使用研钵碾碎大颗粒物，过 100 目尼龙筛，最后于4℃下储存在聚乙烯袋中，备用。此外，现场采样时，记录每个采样点位的土壤类型、土地利用、植物覆盖、地形、海拔、纬度和经度等信息。

4.1.3 实验室分析

在 1∶2.5（m/v）的固液比条件下，接触48h 后，使用数显 pH 计（Leici，PXSJ-216F，中国）测定样品的 pH。在同一样品中，采用滴定法在重铬酸钾–硫酸油浴中分析土壤有机质［《土壤检测 第6 部分：土壤有机质的测定》（NY/T 1121.6—2006）］；采用石墨炉原子吸收光谱仪测定 Cd（日本岛津公司，AA-6880G，日本，检出下限为 0.01mg/kg），测定前使用四酸（$HF+HCl+HClO_4+HNO_3$）消解；采用原子荧光光谱仪测定 As 和 Hg（金锁坤，SK-2003AZ，中国，检出下限分别为 0.01mg/kg 和 0.002mg/kg），测定前使用王水（HNO_3+HCl）消解。使用样品复测、试剂空白和标准样品，确保化学分析结果的可靠性。如未有特殊说明，使用的所有试剂均为分析级及以上。所有溶液均使用超纯水制备，其最小电阻为 18.2MΩ·cm（Milli-Q，Millipore Corp.，Billerica，MA，USA）。

4.1.4 数据收集

除4.1.2节提到的土壤 pH 和土壤有机质数据外，还获得了土壤类型（栅格，1∶100 万，https://www.resdc.cn）、土地利用（栅格，1∶10 万，https://www.resdc.cn）、海拔（栅格，https://www.resdc.cn）、矿山（矢量，https://www.resdc.cn）、河流（矢量，https://www.resdc.cn）和人口（矢量，镇级，主要来源于 2020 年统计年鉴）等环境协变量数据。引入数据数字化方法，将字符串型环境协变量（即土壤类型和土地利用）转化为数字型环境协变量，其中，每个统计单元根据相关区域中 As、Cd 和 Hg 浓度的数据分布进行数字化处理（Wu et al.，2016）。每个采样点位与疑似污染企业、矿山和河流的距离分别通过 ArcGIS 10.6 软件中 Spatial Analyst 工具计算求得。9 个环境变量作为环境协变量用于辅助土壤重金属浓度预测，并作为土壤重金属浓度的贡献因子进行定量贡献评估。

4.1.5　实验设计

1. 疑似土壤污染企业识别

利用改进型朴素贝叶斯分类器，结合自然语言处理和隐马尔可夫等，经特征工程处理、摘要构建、行业类别预测模型构建等步骤后，从兴趣点数据的预测结果中提取各个企业的中类行业，对照当前土壤环境管理重点关注的行业，将其对应的企业识别为疑似土壤污染企业（图 4-2）。

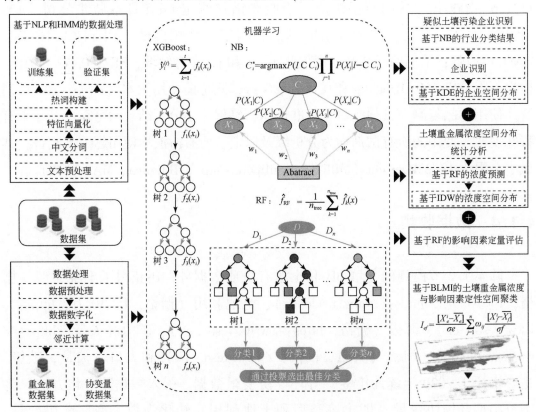

图 4-2　基于大数据的区域土壤重金属污染贡献因子识别方法框架

NLP：自然语言处理；XGBoost：极限梯度提升；NB：朴素贝叶斯；RF：随机森林；KDE：核密度评估；

IDW：反距离加权；HMM：隐马尔可夫；BLMI：双变量局部莫兰指数

2. 疑似土壤污染企业空间分布

核密度估计主要基于核心区域（内核）和周边邻域之间的热图分布原理，确定每个网格袋的点和线密度（Cai et al., 2013）。使用 ArcGIS 10.6 软件，获取疑似土壤污染企业分布的平滑表面［式（4-1）］（图 4-2）（Cai et al., 2013）。与传统的参数估计方法不同，核密度估计不需要数据分布的先验知识，也不会对数据分布添加任何假设（Zhang et al., 2020）。使用 2000m 的搜索半径，将后续结果解释为每平方千米疑似土壤污染企业的密度。

$$f_n(o) = \frac{1}{nr} \sum_{i=1}^{n} k\left(\frac{o - o_i}{r}\right) \tag{4-1}$$

式中，$f_n(o)$ 为位置 o 的疑似土壤污染企业密度；r 为搜索半径，始终大于 0；n 为搜索半径范围内污染企业数量；$k(\cdot)$ 为核函数；$o-o_i$ 为疑似土壤污染企业点 i 到位置 o 的距离。

3. 土壤重金属浓度预测和贡献率计算

随机森林（RF）是一种非参数、非线性、监督和多元集成学习方法（Ikeagwuani, 2021），在 Matlab 2021b 协助下用于预测土壤 As、Cd 和 Hg 浓度并评估 9 个贡献因素的贡献（图 4-2）。RF 利用一组决策树从平均结果中获得最终预测，这些结果由训练数据集的自举样本构建。除自举，RF 还考虑从原始环境协变量集的随机子集中分割候选，然后在环境协变量中选择最佳分割。因此，两个超参数（n_{tree} 和 m_{try}）至关重要，它们分别表示森林中决策树总数和每个节点的随机子集中环境协变量总数。剩余样本即袋外（OOB）样本不包含在训练数据集中，不参与决策树构建。因此，OOB 样本可用于通过内部交叉验证测试估计预测性能，并同时评估环境协变量的重要性［式（4-2）］（Guo et al., 2021）。如果 errOOB$_2$ 大大增加，环境协变量 i 对预测的影响很大，其重要性也比较高。

$$VI_i = \frac{\sum_{j=1}^{n} (errOOB_{2,j} - errOOB_{1,j})}{n} \tag{4-2}$$

式中，VI_i 为环境协变量 i 的重要性；$errOOB_{1,j}$ 为从 OOB 样本中获得的协变量 i

和决策树 j 的预测误差；errOOB$_{2,j}$ 为计算的预测误差；n 为决策树的总数。

在本书中，500 个样本用于训练决策树，77 个样本用于内部交叉验证测试以估计预测性能。使用相关系数（R^2）和均方根误差（RMSE）评估 RF 的预测准确性（Pyo et al., 2020；Nguyen et al., 2021）。R^2 值越高，RMSE 值越低，预测精度越高。基于预测结果，使用 ArcGIS 10.6 软件通过反距离加权（IDW）绘制 As、Cd 和 Hg 相对浓度（RC）的空间分布。RC 值由预测浓度（mg/kg）除以《土壤环境质量 农用地土壤污染风险管控标准（试行）》（GB 15618—2018）中风险筛选值（mg/kg）计算得到。对 9 个环境协变量的重要性进行评估，归一化为 100%，并定量计算 9 个贡献因子对 As、Cd 和 Hg 浓度的贡献率。VI 值越高表示贡献率越高。

4. 空间聚类关系分析

双变量局部莫兰指数主要基于两个密切相关变量倾向于显示相似的空间样式的假设（Hu et al., 2021）。使用 GeoDa 1.20 软件（https://github.com/GeoDaCenter.）表征土壤 As、Cd 和 Hg 浓度与 9 个贡献因子的空间自相关关系［式（4-3）］（图4-2）（Hu et al., 2021）。考虑数据可用性和计算效率，划分 8162 个网格单元（0.5km×0.5km）。将双变量局部莫兰指数图划分为五类：高–高、高–低、低–高、低–低和不显著）（Zhang et al., 2018；Wu et al., 2019）。

$$I_{ef} = \frac{\left[X_e^i - \overline{X_e} \right]}{\sigma_e} \sum_{j=1}^{n} \boldsymbol{\omega}_{ij} \frac{\left[X_f^j - \overline{X_f} \right]}{\sigma_f} \tag{4-3}$$

式中，X_e^i 和 X_f^j 分别为变量 e 和 f 在位置 i 和 j 的值；$\overline{X_e}$ 和 $\overline{X_f}$ 分别为变量 e 和 f 的平均值；σ_e 和 σ_f 分别为变量 e 和 f 的 X 方差；$\boldsymbol{\omega}_{ij}$ 为空间权重矩阵，可基于位置 i 和 j 之间的距离权重表示。如果 I_{ef} 显著为正或负，则位置 i 处的 e 与相邻区域中的 f 相关；否则，它们之间没有明显的相关性（Liu et al., 2021）。

4.2　结果与讨论

4.2.1　实测土壤重金属浓度描述性统计

577 个土壤样品实测 As、Cd 和 Hg 浓度的描述性统计见图 4-3。由图 4-3

可知，土壤 As、Cd 和 Hg 浓度分别为 0.26～344.0mg/kg、0.02～13.96mg/kg
和 0.01～1.51mg/kg，在这些样品中浓度波动幅度超过三个数量级，平均值分
别为 24.03mg/kg（As）、0.66mg/kg（Cd）和 0.17mg/kg（Hg），中位数为
14.01mg/kg（As）、0.25mg/kg（Cd）和 0.14mg/kg（Hg），最大值为
344.0mg/kg（As）、13.96mg/kg（Cd）和 1.51mg/kg（Hg），上四分位数分别
为 26.08mg/kg（As）、0.61mg/kg（Cd）和 0.21mg/kg（Hg）（图 4-3）。显
然，As、Cd 和 Hg 的最大值和上四分位数均高于其相应的当地背景值（As
22.57mg/kg、Cd 0.55mg/kg 和 Hg 0.19mg/kg）。由于人类活动，土壤遭受了
As、Cd 和 Hg 污染。此外，每个小提琴图均有一个较宽的截面（图 4-3），表
明 As、Cd 和 Hg 浓度在中位数附近均匀分布。

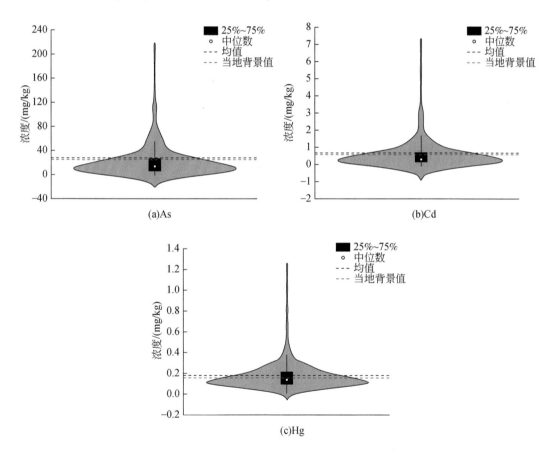

图 4-3　土壤重金属实测浓度的小提琴散点图

4.2.2 土壤重金属浓度预测性能分析

不同 n_{tree} 和 m_{try} 条件下基于 RF 的土壤重金属浓度预测性能见图 4-4，在最佳 n_{tree} 和 m_{try} 条件下 RF 的预测性能见图 4-5。在 n_{tree} 和 m_{try} 分别为 800 和 1 条件下，RMSE 值为 20.52（As）、0.98（Cd）和 0.09（Hg），同时 R^2 值为 0.85（As）、0.84（Cd）和 0.82（Hg），均远大于文献值 0.76（As）、0.60（Cd）和 0.46（Hg）（Zhang et al.，2021），预测性能比较理想（图 4-4 和图 4-5）。同时，在实测浓度分别为 >24.15mg/kg、>0.67mg/kg 和 >0.18mg/kg 条件下，As、Cd 和 Hg 浓度的拟合回归线均低于 1∶1 线，表明重金属浓度预测值小于实测值（图 4-5）。

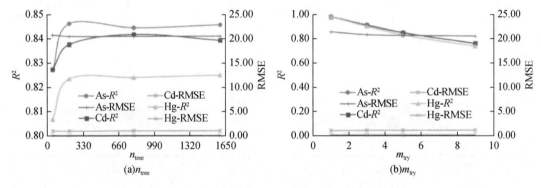

图 4-4 不同参数条件下随机森林（RF）的预测性能

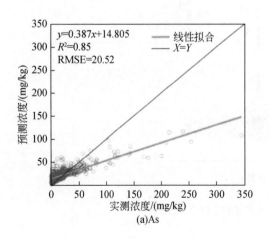
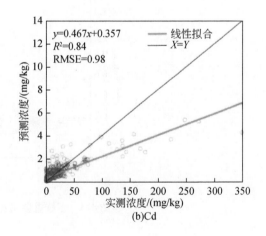

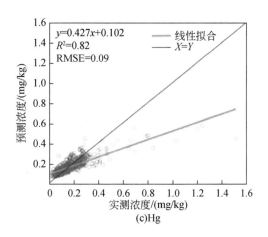

图 4-5　土壤重金属实测浓度与预测浓度的拟合

4.2.3　土壤重金属浓度空间分布

基于 RF 的土壤重金属相对浓度空间分布见图 4-6。由图 4-6 可知，土壤 As、Cd 和 Hg 浓度的空间分布趋势完全不同。RC>1.00 ［超过（GB 15618—2018）中风险筛选值］的高 As 浓度主要集中在中部和东北边缘 ［图 4-6（a）］，呈板块状；RC>1.00 的高 Cd 浓度主要集中在中部和东北部，呈片状 ［图 4-6（b）］；RC<0.34 ［不超过（GB 15618—2018）中风险筛选值］的 Hg 浓度广泛分布 ［图 4-6（c）］。因此，土壤 As 和 Cd 污染是源解析和风险管控的主要关注点。建设用地土壤和稻田土壤中 As、Cd 和 Hg 浓度高于旱田土壤和林地土壤中相应的浓度值 ［图 4-6 和图 4-7（f）］。相比之下，在林地土壤中观

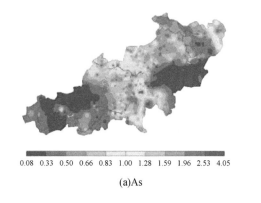

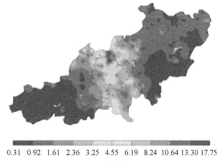

0.08　0.33　0.50　0.66　0.83　1.00　1.28　1.59　1.96　2.53　4.05

0.31　0.92　1.61　2.36　3.25　4.55　6.19　8.24　10.64　13.30　17.75

(a)As

(b)Cd

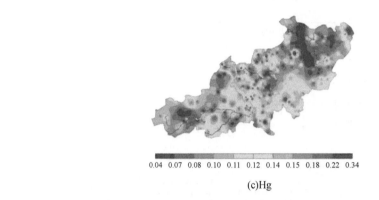

(c)Hg

图4-6　基于随机森林（RF）预测的土壤重金属相对浓度空间分布

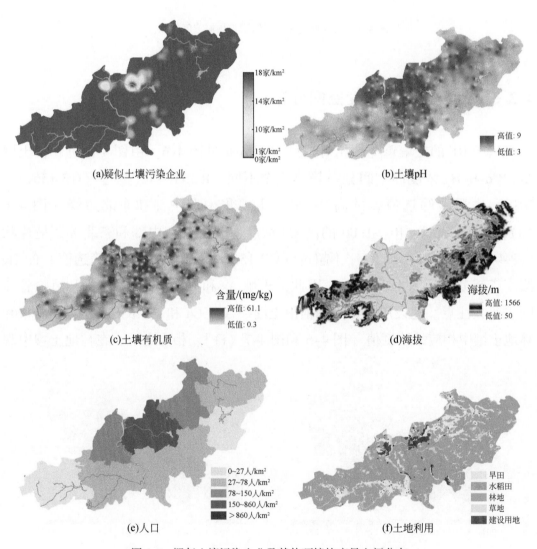

图4-7　疑似土壤污染企业及其他环境协变量空间分布

察到非常低的 As、Cd 和 Hg 浓度［图 4-6 和图 4-7（f）］，表明人为输入对林地的影响可忽略不计。此外，中部的高 As、Cd 和 Hg 浓度均位于低海拔地区，且中部土壤 pH、土壤有机质和人口密度均较高［图 4-6 和图 4-7（b）~（e）］。

4.2.4 疑似土壤污染企业识别分析

基于朴素贝叶斯预测识别出的疑似土壤污染企业见表 4-1。由表 4-1 可知，识别出 250 家疑似土壤污染企业，涉及 25 个中类行业（对应 12 个大类行业）；按企业数量由大到小排序，排在前五位的中类行业依次为常用有色金属冶炼>金属表面处理及热处理加工>炼钢>铁合金冶炼>毛皮鞣制及制品加工。这表明在采取措施控制土壤重金属污染来源和风险时，应优先关注上述五种中类行业。

表 4-1 基于朴素贝叶斯的疑似土壤污染企业

序号	预测的中类 行业（行业代码）	预测的大类 行业（行业代码）	疑似土壤污染 企业数量/家
1	铁矿采选（081）	黑色金属矿采选业（08）	4
2	常用有色金属矿采选（091）	有色金属矿采选业（09）	4
3	贵金属矿采选（092）	有色金属矿采选业（09）	1
4	稀有稀土金属矿采选（093）	有色金属矿采选业（09）	1
5	皮革鞣制加工（191）	皮革、毛皮、羽毛及其制品和制鞋业（19）	6
6	毛皮鞣制及制品加工（193）	皮革、毛皮、羽毛及其制品和制鞋业（19）	18
7	纸浆制造（221）	造纸和纸制品业（22）	10
8	基础化学原料制造（261）	化学原料和化学制品制造业（26）	14
9	农药制造（263）	化学原料和化学制品制造业（26）	12
10	涂料、油墨、颜料及类似产品制造（264）	化学原料和化学制品制造业（26）	4
11	合成材料制造（265）	化学原料和化学制品制造业（26）	15
12	专用化学产品制造（266）	化学原料和化学制品制造业（26）	15
13	炸药、火工及焰火产品制造（267）	化学原料和化学制品制造业（26）	2
14	炼铁（311）	黑色金属冶炼和压延加工业（31）	12
15	炼钢（312）	黑色金属冶炼和压延加工业（31）	20
16	钢压延加工（313）	黑色金属冶炼和压延加工业（31）	1
17	铁合金冶炼（314）	黑色金属冶炼和压延加工业（31）	19
18	常用有色金属冶炼（321）	有色金属冶炼和压延加工业（32）	25

序号	预测的中类 行业（行业代码）	预测的大类 行业（行业代码）	疑似土壤污染 企业数量/家
19	贵金属冶炼（322）	有色金属冶炼和压延加工业（32）	1
20	稀有稀土金属冶炼（323）	有色金属冶炼和压延加工业（32）	7
21	金属表面处理及热处理加工（336）	金属制品业（33）	25
22	电池制造（384）	电气机械和器材制造业（38）	4
23	其他仓储业（599）	装卸搬运和仓储业（59）	12
24	环境治理业（772）	生态保护和环境治理业（77）	14
25	环境卫生管理（782）	公共设施管理业（78）	4

4.2.5 疑似土壤污染企业空间分布

疑似土壤污染企业及其他环境协变量的空间分布见图4-7。由图4-7可知，疑似土壤污染企业的两个热点主要位于中北部，具有土壤 pH、土壤有机质、人口高，海拔低，建设用地面积大等特点。两个热点表明工业活动对土壤重金属污染具有贡献。除热点外，其余疑似土壤污染企业主要分散分布在中南部［图4-7（a）］。

4.2.6 土壤重金属浓度贡献因子定量分析

9个贡献因子对土壤 As、Cd 和 Hg 浓度的定量贡献见图4-8。土壤 As、Cd 和 Hg 浓度之间的 Spearman 相关性见表4-2。与土壤理化性质和成土母质相关的土壤 pH、土壤有机质和土壤类型代表自然过程的贡献；与地形条件相关的海拔和河流也代表自然过程的贡献；与人类活动特征相关的人口、土地利用、污染企业和矿山代表人类活动的贡献。影响土壤 As 浓度的前4个贡献因子分别为污染企业（24.34%）、河流（21.44%）、土壤 pH（16.89%）和土壤有机质（15.38%），累积贡献率为78.05%［图4-8（a）］；影响 Cd 浓度的前4个贡献因子是土壤有机质（39.65%）、海拔（24.25%）、人口（14.43%）和土地利用（7.37%），累积贡献率为85.70%［图4-8（b）］；影响 Hg 浓度的前4个贡献因子是海拔（35.10%）、土壤 pH（15.03%）、人口（14.67%）

和土壤有机质（9.44%），累积贡献率为 74.24% ［图 4-8（c）］。这些结果表明，As、Cd 和 Hg 浓度均来自人类活动和自然过程，但在 As、Cd 和 Hg 浓度中，各个贡献因子的贡献率存在较大差异。值得注意的是，5 个自然贡献因子（As 63.25%、Cd 72.57% 和 Hg 64.82%）的累积贡献率分别是 4 个人为贡献因子的 1.72 倍、2.65 倍和 1.84 倍（As 36.75%、Cd 27.43% 和 Hg 35.18%）（图 4-8）。显然，与人为贡献因子相比，自然贡献因子对 As、Cd 和 Hg 浓度的影响更大。

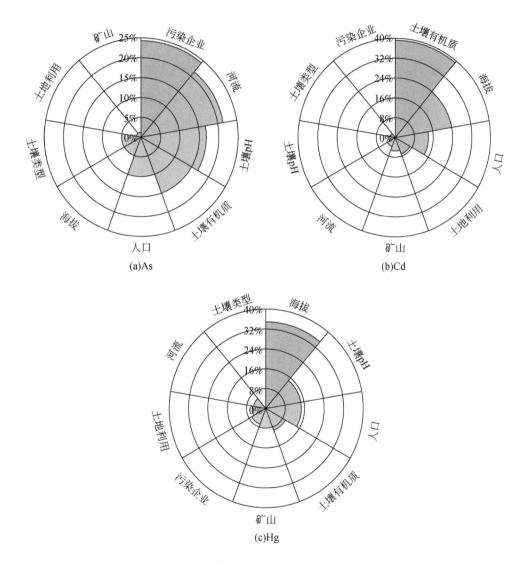

图 4-8　环境协变量对土壤重金属浓度的贡献

疑似土壤污染企业的贡献率（As 24.34%、Cd 0.00%、Hg 6.76%）（图 4-8）表明疑似土壤污染企业造成了 As 和 Hg 污染，但没有造成 Cd 污染。同时，矿山的贡献率（As 1.04%、Cd 5.63% 和 Hg 7.97%）（图 4-8）表明采矿是造成 Cd 和 Hg 污染的原因，而不是造成 As 污染的原因。因此，不同的工业活动导致了差异化的土壤重金属污染。人口（As 9.53%、Cd 14.43% 和 Hg 14.67%）和土地利用（As 1.48%、Cd 7.37% 和 Hg 5.78%）的贡献率（图 4-8）表明生活垃圾对 As 污染有影响，生活垃圾和农业活动对 Cd 和 Hg 污染有影响，且 Cd 和 Hg 呈显著正相关（$P<0.01$）（表 4-2）。2020 年，研究区有 31 万人，产生大量生活垃圾。这些生活垃圾与土壤 As、Cd 和 Hg 有关。此外，各种富含 Cd 和 Hg 的农用化学品、牲畜粪便、污水污泥和污水灌溉的持续和集约施用与土壤 Cd 和 Hg 密切相关（Huang S et al.，2007；Huang Y et al.，2017；Pacyna et al.，2010；Zhang et al.，2021）。综合统计年鉴数据，仅 2020 年，研究区施肥总量为 8506t，农药总量为 226t。

表 4-2　土壤 As、Cd 和 Hg 浓度之间的斯皮尔曼相关系数（$N=577$）

	As	Cd	Hg
As	1.00		
Cd	0.31**	1.00	
Hg	0.29**	0.40**	1.00

注：** 在 0.01 水平显著相关（双边）。

4.2.7　土壤重金属浓度与贡献因子定性分析

选择 4.2.6 节中土壤 As、Cd 和 Hg 浓度的前 4 个贡献因子分析空间相关性。土壤 As、Cd 和 Hg 浓度与其前 4 个贡献因子之间的空间相关关系见图 4-9。本书重点关注高-高区域，因为它们揭示了高重金属浓度和高贡献因子值的显著共存；同时，兼顾高-低区域。

关于 As 污染，对于疑似土壤污染企业，高-高区域位于中部［图 4-9（a）］。在该区域有 125 家疑似土壤污染企业涉及含 As 废物。对于河流，高-高区域主要集聚在北江、马坝河、丰湾河附近，位于中部和东北部［图 4-9（b）］。84 家疑似土壤污染企业向这些河流排放含 As 废水。污染河水的漫灌和灌溉显著影响了农田土壤，特别是稻田土壤 As 的积累和迁移［图 4-7（f）］。对于土壤 pH，高–高区域主要分布在中部和东北部［图 4-9（c）］，与 Hg 污染大致相似［图 4-9（j）］。在这些地区，观察到 7.0～9.0 的碱性土壤 pH［图 4-7（b）］，影响了 As 和 Hg 的积累、迁移和分布（Hu and Cheng，2016；Hou et al.，2019）。对于土壤有机质，高–高区域主要分布在中部［图 4-9（d）］，与 Cd 和 Hg 污染基本一致［图 4-9（e）和（l）］。在这些地区，土壤有机质浓度为 14.80mg/kg±6.15mg/kg［图 4-7（c）］，影响了 As、Cd 和 Hg 的溶解度、地球化学形态、生物有效性和迁移率（Hu and Cheng，2016；Hou et al.，2019）。

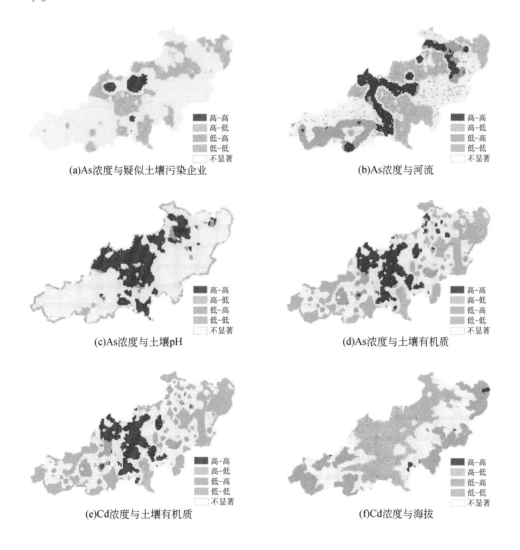

(a)As浓度与疑似土壤污染企业

(b)As浓度与河流

(c)As浓度与土壤pH

(d)As浓度与土壤有机质

(e)Cd浓度与土壤有机质

(f)Cd浓度与海拔

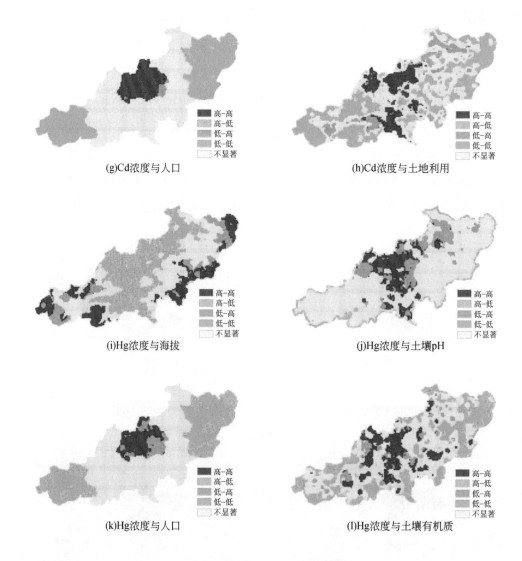

图 4-9　不同重金属的空间聚类

　　关于 Cd 污染，对于海拔，高-高区域分布稀疏 ［图 4-9（f）］，与 Hg 污染在东西边缘聚集的特点存在很大差异 ［图 4-9（i）］。当然，海拔主要是通过控制人类活动的聚集和洪水期间的淹没时间对 Cd 的空间分布产生负面影响［图 4-7（d）~（f）］（Liu et al.，2016；Zhou and Wang，2019）。对于人口，高-高区域集中在中北部 ［图 4-9（g）］，与 Hg 污染基本一致 ［图 4-9（k）］。在这些地区，观察到最大的人口密度和最频繁的人类活动 ［图 4-7（e）和（f）］。关于土地利用，高-高区域分布在中北部和中南部 ［图 4-9（h）］，其中水田和旱田分别占这些区域面积的 19.96% 和 61.79% ［图 4-7（f）］。这表明在水稻和小麦种植中，农药施用和废水灌溉等农业活动导致了严重的 Cd 污染。

总体而言，与其他地区相比，中部各个重金属浓度与各个贡献因子（除海拔外）之间存在更多的高-高空间聚类关系［图 4-9（a）~（e）、（g）、（h）、（j）~（l）］。因此，在采取措施控制土壤重金属污染风险时，应更加关注中部。对于 As 污染，可采取的风险管控措施包括涉砷企业的清洁生产、自行监测、防渗排查、河道疏浚和无污染河水灌溉。同时，针对 Cd 和 Hg 污染，除集中处理生活垃圾外，可采取的措施包括减少使用富含 Cd 和 Hg 的农用化学品，畜禽粪便处理，减少污水灌溉等。

4.2.8 混合框架的优势与局限

本书提出的混合框架可利用自然语言处理、改进型朴素贝叶斯和隐马尔可夫对免费爬取的百度兴趣点数据进行中类行业分类，进而识别疑似土壤污染企业；借助 RF 辅以 IDW 和 9 个环境协变量预测土壤重金属浓度及其空间分布；使用 RF 评估贡献因子对土壤重金属浓度的贡献；使用双变量局部莫兰指数建立土壤重金属浓度与环境协变量的空间聚类关系。本混合框架实现了从定量贡献评估和定性空间聚类两个角度分析土壤重金属污染的贡献因子，达到了理想的中类行业分类效果。在已有研究中，朴素贝叶斯分类器用于预测大类行业，如化工行业（Jia et al.，2019）。本书中改进型朴素贝叶斯分类器弥补了预测精度不足，实现了中类行业预测。与现有文献中 RF（Jia et al.，2020）或条件推理树+RF 相比（Hu and Cheng，2016），RF 和双变量局部莫兰指数的组合实现了贡献因子的定量贡献评估和定性空间聚类分析。

本书中仅使用 9 个环境协变量用于预测土壤重金属浓度和评估贡献因子。增加环境协变量的数量可能有助于获得更真实的预测和评估结果。由于经济社会和环境条件的固有复杂性及环境协变量数据的可获得性，在更大的研究区域实施本书中的混合框架需要开展深入研究。尽管存在这些限制，但该混合框架已显示出系统的和准确的诊断贡献因子的能力。

4.3　小　　结

（1）人类活动使得土壤遭受了 As、Cd 和 Hg 污染。As、Cd 和 Hg 的最大值和上四分位数均高于其相应的当地背景值。

（2）当 n_{tree} 和 m_{try} 分别为 800 和 1 条件下，基于 RF 的土壤重金属浓度预测性能最理想，此时的 R^2 值为 0.85（As）、0.84（Cd）和 0.82（Hg）。

（3）土壤 As、Cd 和 Hg 浓度的空间分布趋势完全不同，其中，高 As 浓度主要集中在中部和东北边缘，高 Cd 浓度主要集中在中部和东北部。

（4）识别出 250 家疑似土壤污染企业，涉及 25 个中类行业（对应 12 个大类行业），相应的两个热点主要位于中北部。

（5）影响 As 浓度的前 4 个贡献因子分别为污染企业（24.34%）、河流（21.44%）、土壤 pH（16.89%）和土壤有机质（15.38%），累积贡献率为 78.05%；影响 Cd 浓度的前 4 个贡献因子是土壤有机质（39.65%）、海拔（24.25%）、人口（14.43%）和土地利用（7.37%），累积贡献率为 85.70%；影响 Hg 浓度的前 4 个贡献因子是海拔（35.10%）、土壤 pH（15.03%）、人口（14.67%）和土壤有机质（9.44%），累积贡献率为 74.24%。

（6）在采取土壤重金属污染风险管控措施时，应更加关注中部。该地区各个重金属浓度与各个贡献因子（海拔除外）之间存在更多的高-高聚类。

参 考 文 献

Cai X, Wu Z, Cheng J. 2013. Using kernel density estimation to assess the spatial pattern of road density and its impact on landscape fragmentation. International Journal of Geographical Information Science, 27（2）: 222-230.

Dong X, Li C, Li J, et al. 2010. A novel approach for soil contamination assessment from heavy metal pollution: a linkage between discharge and adsorption. Journal of Hazardous Materials, 175: 1022-1030.

Guo Q, Li B, Chen Y, et al. 2021. Intelligent model for the compressibility prediction of cement- stabilized dredged soil based on random forest regression algorithm. KSCE Journal of Civil Engineering, 25（10）: 3728-3736.

Hou S, Zheng N, Tang L, et al. 2019. Effect of soil pH and organic matter content on heavy metals availability in maize（*Zea mays* L.）rhizospheric soil of non-ferrous metals smelting area. Environmental Monitoring and Assessment，191：634.

Hu B，Shao S，Ni H，et al. 2021. Assessment of potentially toxic element pollution in soils and related health risks in 271 cities across China. Environmental Pollution，270：116196.

Hu Y，Cheng H. 2016. A method for apportionment of natural and anthropogenic contributions to heavy metal loadings in the surface soils across large-scale regions. Environmental Pollution，214：400-409.

Huang S S，Liao Q L，Hua M，et al. 2007. Survey of heavy metal pollution and assessment of agricultural soil in Yangzhong District，Jiangsu Province，China. Chemosphere，67：2148-2155.

Huang Y，Deng M，Li T，et al. 2017. Anthropogenic mercury emissions from 1980 to 2012 in China. Environmental Pollution，226：230-239.

Ikeagwuani C C. 2021. Estimation of modifed expansive soil CBR with multivariate adaptive regression splines，random forest and gradient boosting machine. Innovative Infrastructure Solutions，6：199.

Jia X，Fu T，Hu B，et al. 2020. Identification of the potential risk areas for soil heavy metal pollution based on the source-sink theory. Journal of Hazardous Materials，393：122424.

Jia X，Hu B，Marchant B P，et al. 2019. A methodological framework for identifying potential sources of soil heavy metal pollution based on machine learning：A case study in the Yangtze Delta，China. Environmental Pollution，250：601-609.

Leung H M，Duzgoren-Aydin N S，Au C K，et al. 2017. Monitoring and assessment of heavy metal contamination in a constructed wetland in Shaoguan（Guangdong Province，China）：Bioaccumulation of Pb，Zn，Cu and Cd in aquatic and terrestrial components. Environmental Science and Pollution Research，24：9079-9088.

Liu H，Xiong Z，Jiang X，et al. 2016. Heavy metal concentrations in riparian soils along the Han River，China：The importance of soil properties，topography and upland land use. Ecological Engineering，97：545-552.

Liu Q，Wu Y，Zhou Y，et al. 2021. A novel method to analyze the spatial distribution and potential sources of pollutant combinations in the soil of Beijing urban parks. Environmental Pollution，284：117191.

Nguyen X C，Ly Q V，Peng W，et al. 2021. Vertical flow constructed wetlands using expanded clay and biochar for wastewater remediation：A comparative study and prediction of effluents using machine learning. Journal of Hazardous Materials，413：125426.

Pacyna E G，Pacyna J M，Sundseth K，et al. 2010. Global emission of mercury to the atmosphere from anthropogenic sources in 2005 and projections to 2020. Atmospheric Environment，44：2488-2499.

Pyo J C，Hong S M，Kwon Y S，et al. 2020. Estimation of heavy metals using deep neural network with visible and infrared spectroscopy of soil. Science of the Total Environment，741：140162.

Wu J，Teng Y，Chen H，et al. 2016. Machine-learning models for on-site estimation of background concentrations of arsenic in soils using soil formation factors. Journal of Soils and Sediments，16（6）：1788-1797.

Wu S，Zhou S，Bao H，et al. 2019. Improving risk management by using the spatial interaction relationship of heavy metals and PAHs in urban soil. Journal of Hazardous Materials，364：108-116.

Zhang H，Yin A，Yang X，et al. 2021. Use of machine-learning and receptor models for prediction and source apportionment of heavy metals in coastal reclaimed soils. Ecological Indicators，122：107233.

Zhang Y，Liu Y，Zhang Y，et al. 2018. On the spatial relationship between ecosystem services and urbanization：A case study in Wuhan，China. Science of the Total Environment，638：780-790.

Zhang L，Xie L，Han Q，et al. 2020. Probability density forecasting of wind speedbased on quantile regression and kerneldensity estimation. Energies，13：6125.

Zhou X Y，Wang X R. 2019. Impact of industrial activities on heavy metal contamination in soils in three major urban agglomerations of China. Journal of Cleaner Production，230：1-10.

第5章 区域土壤重金属污染风险区划分

针对区域尺度精准化土壤污染风险区划分技术缺失，致使土壤污染风险管控策略制定不够精准问题，以广东省某工业发达地区为研究区，利用土壤数据和 12 类环境协变量数据，提出了基于随机森林（RF）和模糊 c 均值（FCM）的区域土壤重金属污染风险分区技术。在该技术中，RF 用于预测土壤重金属浓度和计算每个环境协变量的相对重要性；反距离加权用于表征重金属浓度的空间分布；FCM 用于确定风险区分类的最佳数量和划分重金属污染的风险区域；根据土壤重金属污染和环境协变量特点识别风险区等级，并据此提出有针对性的风险管控策略。结果表明，土壤 As、Cd、Cr、Cu、Hg、Ni、Pb、Zn 浓度最大值均高于当地土壤背景值，8 种土壤重金属均受到人类活动的影响。在最佳 n_{tree} 和 m_{try} 分别为 800 和 5 条件下，基于 RF 的 8 种土壤重金属浓度预测算法的 $R^2 > 0.75$，预测性能较好。As、Cd、Cr、Cu、Hg、Ni、Pb 和 Zn 的前 3 个累积贡献率分别为 51%、69%、45%、59%、56%、52%、50% 和 58%。风险区的最佳分类数为 2，相应的模糊性能指标（FPI）值最小（<0.02）、归一化分类熵（NCE）值最小（<0.01）。同时，当分类数为 4 时，FPI 值和 NCE 值分别为 0.05 和 0.32。在分类数为 4 条件下，划分和识别出 4 个土壤污染风险区，其中 1 个高风险区、1 个中风险区和两个低风险区。针对高风险区，需严控工矿企业的重金属排放，实行清洁生产和土壤污染隐患排查；集中处理生活垃圾；大量减少污水灌溉；在必要时主动修复受 Cd、Cr、Ni 污染的土壤。

5.1　材料与方法

5.1.1　研究区概况

研究区为南方某发达工业城市，总面积 1.84 万 km²，市区面积 2871km²，常住人口 286 万人，城镇化率 58.54%。地处南岭山脉南部，处于华夏活化陆台的湘粤褶皱带。地形以山地丘陵为主，河谷盆地分布其中，平原、台地面积约占 20%。属亚热带季风气候，年平均降水量 1682mm，年平均气温 21℃。降水南多北少，西多东少。森林覆盖率为 73.8%，林木绿化率为 74.6%。已探明储量的矿产有 88 种，其中优势矿种有铀、铅、锌、铜、钨、钼、硫、稀土、地下热水等。

5.1.2　基础数据

土壤类型栅格数据 1 套（1∶100 万，https://www.resdc.cn）、植被类型栅格数据 1 套（1∶100 万，https://www.resdc.cn）、土壤有机质细目数据 1 套、土壤 pH 细目数据 1 套、工业企业细目数据 250 条（主要来源于百度地图的兴趣点数据和管理部门的日常监管数据）、矿山细目数据 29 条（http://map.baidu.com）、河流矢量数据 1 套（https://www.resdc.cn）、交通路网矢量数据 1 套（https://www.resdc.cn）、土地利用类型栅格数据 1 套（1∶100 万，https://www.resdc.cn）、人口矢量数据 1 套（镇级，主要来源于 2020 年统计年鉴）。

5.1.3　文本型数据转换

对于字符串变量（土壤类型、土地利用类型、植被覆盖类型和地形地貌），采用描述性统计方法计算并验证数据的具体分布情况，并按一定方法将字符串变量转化为数值变量（Wu et al., 2016）。非数值变量数据数字化的规则描述如下：①具有正态分布的统计类型使用土壤重金属浓度的算术平均值表示；②具有对数正态分布的统计类型使用土壤重金属浓度的几何平均值表示；③具有偏态分布的单位使用土壤重金属浓度的中位数表示。四种字符串环境协变量的描述性统计分析及转换结果见表 5-1。

表 5-1 字符串环境协变量描述性统计分析

环境协变量	统计类型	采集点位数量/个	浓度/（mg/kg）							
			As	Cd	Cr	Cu	Hg	Ni	Pb	Zn
土壤类型	石灰（岩）土	68	17.93	0.28	57.61	22.01	0.18	17.80	52.24	87.31
	粗骨土	1	214.75	5.49	151.53	421.50	0.66	37.45	2588.11	8162.42
	潮土	1	6.72	0.16	17.11	5.92	0.11	6.10	80.70	41.66
	水稻土	164	16.41	0.28	56.78	22.86	0.14	15.89	53.89	87.95
	红壤	336	12.29	0.25	53.30	18.92	0.14	13.31	55.79	81.33
	黄壤	7	29.62	1.03	75.13	33.98	0.21	25.92	77.73	132.88
土地利用类型	水田	163	10.49	0.38	53.80	18.33	0.14	17.07	50.60	73.35
	旱地	108	18.93	0.65	64.79	27.94	0.18	17.05	73.26	120.21
	有林地	211	12.46	0.22	48.00	17.65	0.14	11.00	57.40	72.14
	其他林地	61	18.36	0.38	70.23	22.47	0.17	18.47	52.82	99.54
	草地	5	20.24	0.70	63.28	23.74	0.22	13.20	61.02	98.50
	水域	6	23.59	0.23	52.42	20.84	0.14	16.09	45.78	72.85
	城镇用地	23	26.84	1.29	74.00	1.44	0.21	23.52	66.99	165.54
植被覆盖类型	针叶林	192	14.08	0.27	56.42	19.84	0.14	18.22	52.78	80.02
	阔叶林	64	11.23	0.30	53.17	19.04	0.14	10.84	74.81	88.67
	灌丛	217	14.21	0.26	56.68	20.94	0.14	14.51	56.38	88.31
	栽培植物	97	13.76	0.32	54.73	19.68	0.14	15.32	56.79	82.90
	草丛	7	27.72	0.51	62.10	21.87	0.16	20.50	57.75	87.92
地形地貌	平原	184	17.52	0.38	65.14	23.00	0.18	15.60	57.98	101.35
	丘陵	296	10.13	0.25	44.56	16.80	0.13	12.14	59.50	74.29
	盆地	5	62.17	0.64	70.12	25.10	0.19	27.01	66.90	97.23
	山地	18	32.58	0.25	48.70	20.27	0.15	11.49	43.17	55.21
	山谷	28	44.39	0.20	59.35	33.17	0.11	23.93	46.23	96.72
	坡地	46	24.83	0.26	83.46	29.80	0.21	17.45	52.81	104.62

5.1.4 样品采集

2021 年 6~7 月，基于初步掌握的土壤污染现状，在中部加密布设点位

（布点精度 1.5km×1.5km），东部和西部减少点位布设（布点精度 4km×4km），采集 577 个土壤表层样品（0～20cm）（图 5-1），同时记录各个采样点位的土壤类型、土地利用类型、植被覆盖类型、地形、海拔、经纬度等信息。

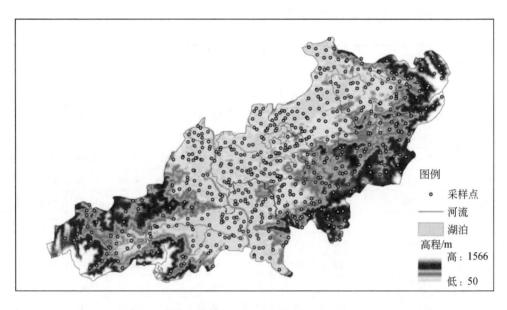

图 5-1　研究区位置、数字高程模型和样品采集点位

5.1.5　实验室分析

采用中国金锁坤 SK-2003AZ 原子荧光光谱仪测定 As 和 Hg，测定前进行王水（HNO_3+HCl）消解；采用日本岛津 AA-6880G 石墨炉原子吸收光谱仪测定 Cd，测定前进行四酸（HF+HCl+$HClO_4$+HNO_3）消解；采用美国 Agilent 240AA 火焰原子吸收分光光度计测定样品中 Cu、Cr、Mn、Ni、Pb 和 Zn；采用滴定法测定土壤有机质（NY/T 1121.6—2006）；采用中国雷磁 PXSJ-216F 数显 pH 计测定 pH。为确保化学分析结果的可靠性，使用样品重复、试剂空白和标准样品。如未有特殊说明，使用的所有试剂均为分析级及以上，所有溶液均使用超纯水制备，其最小电阻为 18.2MΩ·cm（Milli-Q，Millipore Corp.，Billerica，MA，USA）。

5.1.6　多元线性回归

多元线性回归（MLR）通常被用来研究因变量与自变量之间的线性决定关系。如果仅存在一个自变量，则称为一元线性回归，而当存在两个及以上自变量时，则称为 MLR（罗刚，2021；韩雪等，2021）。显然，土壤重金属污染并不只是受单一的污染源控制，而是由多个污染源共同影响的结果。MLR 易于建模、形式相对简单，其中蕴含着机器学习的重要思想。因此，被广泛用作统计分析工具（韩雪等，2021）。MLR 见式（5-1）。

$$Y=a+b_1x_1+b_2x_2+\cdots+b_nx_n \tag{5-1}$$

式中，Y 为因变量；a 为截距；$b_1,b_2,\cdots,b_n$ 为偏回归系数；$x_1,x_2,\cdots,x_n$ 为自变量；n 为自变量的数量。显然，当 $b_2,\cdots,b_n=0$ 时，则为一元线性回归。

MLR 已被广泛应用于多个学科领域（Lee et al.，2019；Chen et al.，2019；Leng et al.，2017）。刘斓乾（2000）利用 MLR 对湖北省的疫情统计数据进行了分析。郭赋涵（2020）借助 MLR 计算得出各个土壤理化性质对土壤 pH 的影响大小依次为速效钾>盐分>水溶性钾>水溶性钙>有机质，其中，盐分、水溶性钾、水溶性钙对土壤 pH 具有正面影响，速效钾和有机质对土壤 pH 具有负面影响。Meng 等（2018）利用 MLR 对典型河滨浅层地下水进行了研究，揭示了土地利用类型、水化学成分和地下水水质演变之间的关系。杨阳（2020）借助 MLR 等，对巢湖水体中重金属浓度进行预测，为重金属污染风险管控等工作提供了参考依据。

5.1.7　随机森林

随机森林（RF）集随机生成的大量决策树预测单一变量，多个决策树构成的森林以不同的输入和输出进行分类或回归，每一个决策树之间不互相干扰，极大克服了过拟合的缺点（Breiman，2001）。同时，RF 可在不明显提高运算量基础上保持拟合精度，能处理高维度数据，且对特征遗失、多元共线性等问题不敏感，泛化能力较强。

RF 还能在训练完成后显示不同环境协变量在拟合过程中的相对重要性，

从而定量计算各个环境协变量对土壤重金属污染的影响程度。李晓婷（2005）根据太原市城区周边采集的土壤样品，采用 RF 对重金属污染程度进行了评价。王铭鑫等（2022）融合半变异函数和 RF，对湖南省湘潭县土壤重金属数据进行了插值应用。陈运帷等（2019）通过 RF，探讨海拔、坡度、土壤 pH、夜间灯光指数和地区生产总值等对重金属空间分布的影响。何云山（2021）构建出基于 RF-遗传算法–支持向量机的土壤重金属浓度预测模型，同时利用 RF 得出土壤重金属污染状况分类结果。

5.1.8　实验设计

以南方某发达工业城市为研究区，开展区域土壤重金属污染风险分区技术研究（图 5-2）。

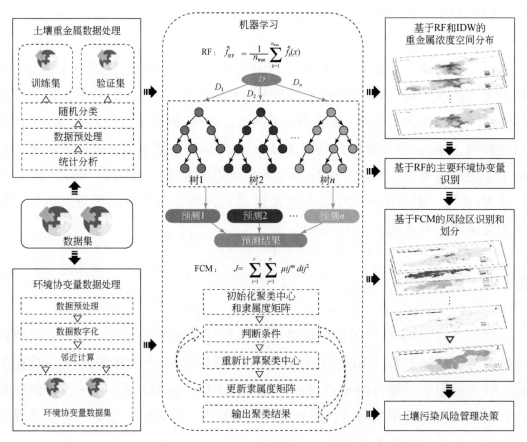

图 5-2　技术路线

RF：随机森林；FCM：模糊 c 均值；IDW：反距离加权

1. 土壤重金属污染现状分析

利用平均值、方差、变异系数、峰度、偏度等描述性统计指标，分析 8 种重金属浓度空间分布，并对比其土壤背景值，分析土壤重金属污染现状。

2. 土壤重金属浓度预测与空间插值

基于 577 个土壤浓度数据及土壤类型、土地利用类型、植被覆盖类型、地形、海拔、土壤有机质、土壤 pH、工业企业、矿山、道路、河流和人口等 12 个环境协变量，分别利用 MLR 及 RF 进行土壤重金属浓度拟合，通过调整 n_{tree} 和 m_{try} 两个超参数确定 8 种土壤重金属浓度的最佳预测算法，探究不同环境协变量对算法的影响权重和重要性。同时，利用普通克里格插值绘制土壤重金属浓度空间分布图，考察土壤重金属空间分布特征。

3. 最佳分类数筛选与风险区划分

利用 MZA（Management Zone Analysis）1.0.1 软件（University of Missouri-Columbia，Missouri，USA），对各个环境因子进行分区拟合。设定 2、3、4、5、6、7、8、9、10 等 9 个分类数，并以模糊性能指标（FPI）与归一化分类熵（NCE）均最小为原则，选取土壤重金属污染风险区最佳分类数。利用模糊 c 均值（FCM），确定风险区空间聚类特点。

4. 风险区等级识别与管控策略制定

根据土壤重金属浓度特点和环境协变量数值特点，识别和确定各个风险区的风险分级，并提出有针对性的风险管控策略。

5. 训练集与验证集划分

通常，在数据集基本特征保持一致情况下，将数据集随机划分为训练集与验证集，并使训练集与验证集均能反映数据整体的反演情况。本书中随机选取 500 个样本作为训练集，77 个样本作为验证集（表 5-2）。由表 5-2 可知，训练集与验证集的浓度范围及标准差均较大，对机器学习的拟合有积极影响，保证了预测结果的可靠性和准确性（Jia et al.，2020）。

表 5-2　训练集与验证集描述性统计分析

数据集	重金属 /(mg/kg)	最小值 /(mg/kg)	平均值 /(mg/kg)	最大值 /(mg/kg)	标准差	偏度	变异系数 /%
训练集	As	1.11	24.18	344.00	35.28	4.29	146
	Cd	0.02	0.66	13.96	1.72	5.55	261
	Cr	4.00	57.39	885.60	51.98	8.76	91
	Cu	2.28	28.73	421.50	41.22	5.81	143
	Hg	0.01	0.18	1.51	0.15	4.25	83
	Ni	2.68	19.06	387.80	28.32	8.90	149
	Pb	9.39	84.40	2588.11	150.11	11.15	178
	Zn	11.05	132.48	8162.42	438.11	14.96	331
验证集	As	0.26	23.08	93.58	20.12	1.52	87
	Cd	0.02	0.64	8.37	1.35	4.35	211
	Cr	5.30	57.92	153.00	28.23	0.21	49
	Cu	2.20	34.80	475.00	65.09	5.38	187
	Hg	0.03	0.16	0.61	0.11	2.19	69
	Ni	3.01	18.39	77.00	13.18	1.97	72
	Pb	14.00	64.31	330.00	59.29	2.72	92
	Zn	18.37	104.00	818.00	112.24	4.52	108

6. 算法性能评价

以 RMSE 和 R^2 为评价指标，确定土壤重金属浓度预测算法性能 [式 (5-2) 和式 (5-3)]。

$$\mathrm{RMSE} = \sqrt{\frac{\sum_{i=1}^{n}(A(i)-P(i))^2}{n}} \tag{5-2}$$

$$R^2 = 1 - \frac{\sum_{i=1}^{n}(P(i)-\overline{A})^2}{\sum_{i=1}^{n}(A(i)-\overline{A})^2} \tag{5-3}$$

式中，n 为交叉验证集中的样本数量；$A(i)$ 为样本的实测值；$P(i)$ 为样本的预测值；$\overline{A}$ 为实测值的平均值。

5.2　结果与讨论

5.2.1　实测土壤重金属浓度描述性统计

土壤重金属浓度描述性统计分析结果见表5-3。As、Cd、Cr、Cu、Hg、Ni、Pb、Zn 的平均浓度为 24.03mg/kg、0.66mg/kg、57.46mg/kg、29.54mg/kg、0.17mg/kg、18.97mg/kg、81.72mg/kg、128.68mg/kg，且它们的最大值均高于当地土壤背景值。这些现象表明土壤中 8 种重金属均受到人类活动的影响（表5-3）。Zn、Cd、Pb、Cu、Ni、As、Cr、Hg 的变异系数分别为 319%、200%、173%、153%、141%、140%、86%、82%（表5-3）。显然，As、Cd、Cu、Ni、Pb、Zn 的变异系数均大于 100%，属于强烈变异，说明在空间上它们的浓度分布极不均匀，受到人类活动的剧烈影响；Cr、Hg 的变异系数介于 80% ~ 100%，属于中等变异，说明在空间上它们的浓度分布较不均匀，受到人类活动的一定影响。

表 5-3　土壤重金属浓度统计分析

重金属	最小值 /（mg/kg）	最大值 /（mg/kg）	中位数 /（mg/kg）	平均值 /（mg/kg）	标准差	变异系数 /%	背景值 /（mg/kg）	偏度	峰度
As	0.26	344.00	14.01	24.03	33.65	140	23.57	4.34	26.21
Cd	0.02	13.96	0.25	0.66	1.32	200	0.55	5.37	36.27
Cr	4.00	885.60	56.33	57.46	49.46	86	53.22	8.81	138.24
Cu	3.20	475.00	20.28	29.54	45.12	153	25.98	5.98	43.91
Hg	0.01	1.51	0.14	0.17	0.14	82	0.19	4.20	26.83
Ni	3.68	387.80	15.00	18.97	26.79	141	23.61	9.14	103.22
Pb	9.39	2588.11	56.06	81.72	141.53	173	87.67	11.59	181.59
Zn	11.05	8163.42	79.00	128.68	409.92	319	99.48	15.85	283.86

5.2.2 土壤重金属浓度预测算法筛选

利用 RMSE 和 R^2，比较 MLR 和 RF 对 8 种土壤重金属浓度的预测性能（表5-4）。MLR 对 Cd、Hg 和 Cr 的预测精度较高，对 Zn、Ni 和 Pb 的精度略低，对 As 和 Cu 最低；RF 对 As、Cd、Cu 和 Hg 的预测精度最高，对 Pb、Cr、Ni 和 Zn 的准确度略低（表5-4）。总体来看，RF 能更好地预测 8 种重金属浓度。因此，确定最优算法为 RF。

表5-4　MLR 和 RF 的预测性能比较

算法	参数	As	Cd	Cr	Cu	Hg	Ni	Pb	Zn
MLR	RMSE	19.94	1.08	23.82	63.66	0.09	11.95	55.47	100.26
	R^2	0.33	0.63	0.54	0.30	0.55	0.43	0.42	0.49
RF	RMSE	19.23	0.98	21.57	63.37	0.09	10.56	59.88	105.88
	R^2	0.86	0.85	0.78	0.85	0.84	0.78	0.79	0.76

注：MLR：多元线性回归；RF：随机森林。

5.2.3 土壤重金属浓度预测算法优化

利用 RMSE 和 R^2，比较不同 n_{tree} 和 m_{try} 参数下基于 RF 的 8 种土壤重金属浓度预测性能（表5-5）。从 As、Cd、Cr、Cu、Hg、Ni、Pb、Zn 的预测性能来看，确定最佳的 n_{tree} 和 m_{try} 分别为 800 和 5。

表5-5　基于 RF 的土壤重金属浓度预测算法性能

重金属	n_{tree}	m_{try}	R^2	RMSE	重金属	n_{tree}	m_{try}	R^2	RMSE
As	50	1	0.97	19.63	As	800	1	0.98	19.54
		3	0.91	19.78			3	0.92	19.22
		5	0.85	19.37			5	0.86	19.23
		9	0.76	19.08			9	0.77	19.14
	200	1	0.98	19.63		1000	1	0.98	19.55
		3	0.92	19.65			3	0.92	19.23
		5	0.86	19.21			5	0.86	19.25
		9	0.76	19.17			9	0.77	19.21

重金属	n_{tree}	m_{try}	R^2	RMSE	重金属	n_{tree}	m_{try}	R^2	RMSE
Cr	50	1	0.97	22.11	Cd	50	1	0.96	0.91
		3	0.86	23.56			3	0.89	0.99
		5	0.77	22.40			5	0.84	1.01
		9	0.67	21.52			9	0.75	1.03
	200	1	0.98	21.24		200	1	0.97	0.91
		3	0.87	21.98			3	0.90	0.96
		5	0.78	21.94			5	0.85	0.99
		9	0.67	21.77			9	0.75	1.04
	800	1	0.98	21.69		800	1	0.97	0.92
		3	0.87	21.89			3	0.91	0.95
		5	0.78	21.57			5	0.85	0.99
		9	0.68	21.44			9	0.76	1.04
	1000	1	0.98	21.64		1000	1	0.97	0.92
		3	0.87	21.88			3	0.91	0.96
		5	0.78	21.48			5	0.85	1.00
		9	0.68	21.39			9	0.76	1.05
Hg	50	1	0.96	0.09	Cu	50	1	0.98	62.59
		3	0.89	0.10			3	0.90	61.96
		5	0.83	0.09			5	0.84	62.54
		9	0.74	0.09			9	0.75	62.40
	200	1	0.98	0.09		200	1	0.98	62.30
		3	0.90	0.09			3	0.91	62.01
		5	0.84	0.09			5	0.85	62.49
		9	0.75	0.09			9	0.76	62.44
	800	1	0.98	0.09		800	1	0.98	62.49
		3	0.91	0.09			3	0.91	62.43
		5	0.84	0.09			5	0.85	62.38
		9	0.75	0.09			9	0.76	62.23
	1000	1	0.98	0.09		1000	1	0.98	62.52
		3	0.91	0.09			3	0.91	62.38
		5	0.84	0.09			5	0.85	62.37
		9	0.75	0.09			9	0.76	62.27

重金属	n_{tree}	m_{try}	R^2	RMSE	重金属	n_{tree}	m_{try}	R^2	RMSE
Ni	50	1	0.97	11.44	Pb	800	1	0.99	60.98
		3	0.86	11.17			3	0.90	59.59
		5	0.75	10.78			5	0.79	59.88
		9	0.61	10.66			9	0.66	59.37
	200	1	0.98	11.26		1000	1	0.99	60.87
		3	0.88	10.86			3	0.90	59.72
		5	0.77	10.68			5	0.79	59.53
		9	0.64	10.77			9	0.66	59.39
	800	1	0.98	11.03	Zn	50	1	0.99	104.77
		3	0.88	10.70			3	0.85	110.26
		5	0.78	10.56			5	0.73	111.38
		9	0.64	10.77			9	0.58	100.63
	1000	1	0.98	11.09		200	1	0.99	101.36
		3	0.88	10.70			3	0.89	109.81
		5	0.79	10.56			5	0.76	114.51
		9	0.65	10.81			9	0.62	102.52
Pb	50	1	0.98	65.38		800	1	0.99	97.74
		3	0.88	60.45			3	0.89	104.98
		5	0.76	60.55			5	0.76	105.88
		9	0.64	61.54			9	0.62	102.63
	200	1	0.99	60.67		1000	1	0.99	97.82
		3	0.91	59.72			3	0.88	105.79
		5	0.79	60.23			5	0.76	105.63
		9	0.67	60.36			9	0.62	102.41

注：RF：随机森林；R^2：相关系数；RMSE：均方根误差。

在最佳 n_{tree}（800）和 m_{try}（5）条件下，获得基于 RF 的 8 种土壤重金属浓度预测性能。由图 5-3 可知，8 种重金属浓度的 $R^2 > 0.75$ 且其均值为 0.81，预测性能较好。当然，8 种重金属浓度的拟合回归线均小于 1：1 线，说明在高浓度情况下 RF 低估了预测值（图 5-3）。

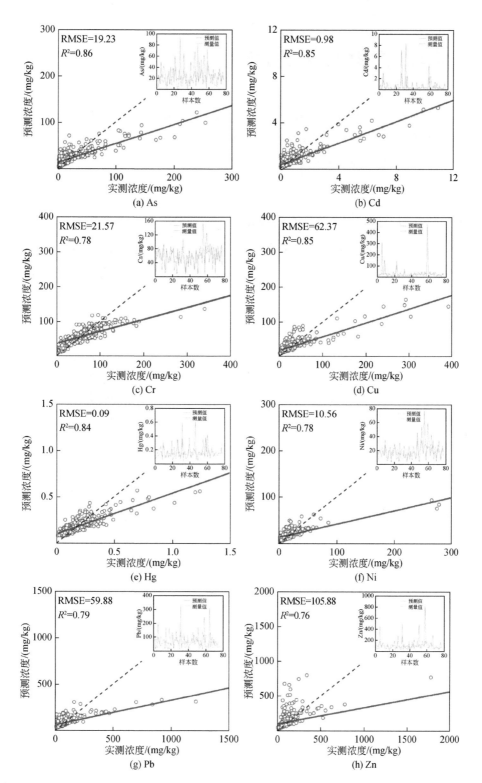

图 5-3　预测的 8 种土壤重金属预测浓度与实测浓度相关关系散点图

R^2：相关系数；RMSE：均方根误差

5.2.4 环境协变量的重要性分析

通过计算环境协变量的贡献率，揭示不同环境协变量对 8 种重金属浓度预测的相对重要性，各个环境协变量的贡献率见图 5-4。As、Cd、Cr、Cu、Hg、Ni、Pb 和 Zn 的前 3 个环境协变量累积贡献率分别为 51%、69%、45%、59%、56%、52%、50% 和 58%。As、Cu、Ni 的主要环境协变量为工业企业，Pb 的主要环境协变量为河流，Cd、Zn 的主要环境协变量为土壤 pH，Hg 的主要环境协变量为土壤有机质，Cr 的主要环境协变量为人口。此外，土壤类型（4.71%）和植被覆盖类型（6.06%）对土壤重金属浓度的影响较小（图 5-4）。

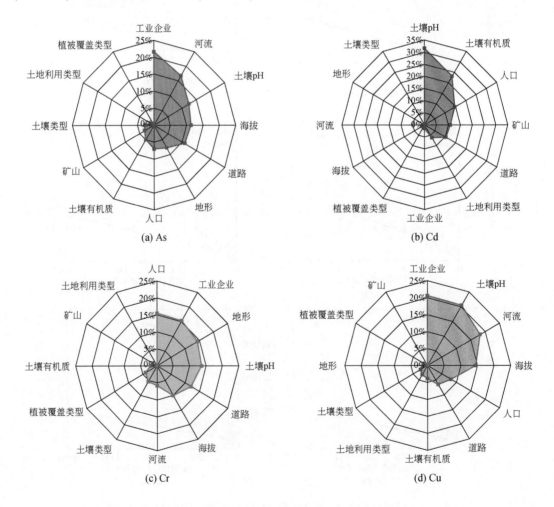

(a) As (b) Cd (c) Cr (d) Cu

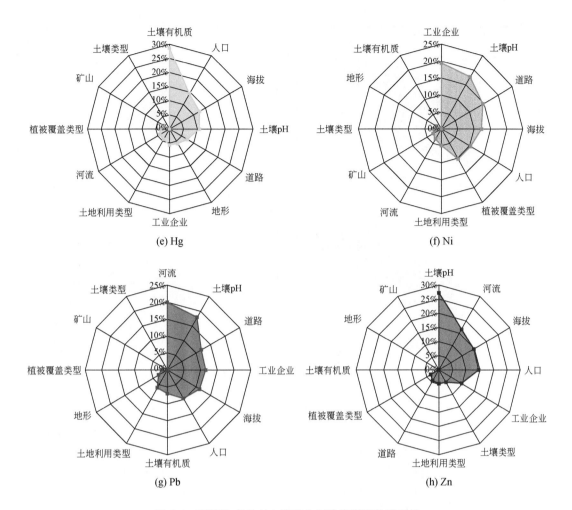

图 5-4　环境协变量对土壤重金属浓度预测的重要性

5.2.5　土壤重金属空间分布刻画

8 种土壤重金属浓度空间分布见图 5-5。As 在东北部和中南部的浓度较高，其余地区浓度较低；Cd 的空间分布与 Cu、Hg、Pb、Zn 的空间分布相似，高值区域主要集中在中北部和中南部；Cr 和 Ni 在东北部的浓度较高，向外围呈下降趋势（图 5-5）。

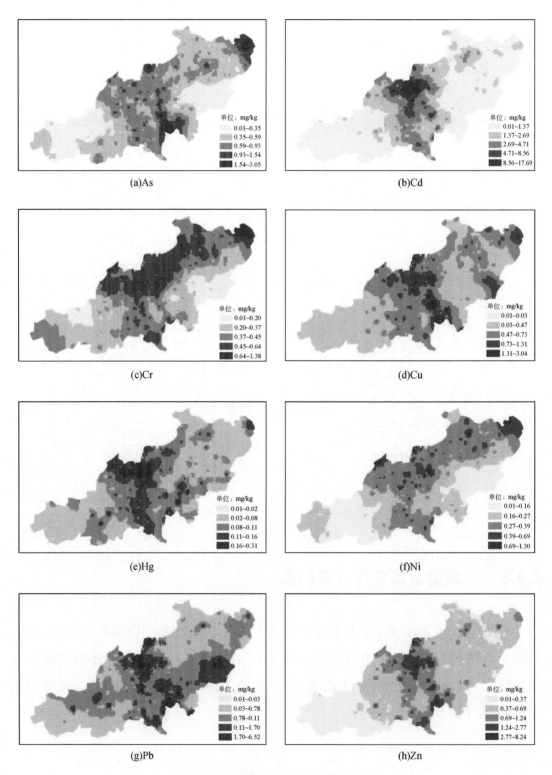

图 5-5　土壤重金属浓度空间分布

5.2.6 土壤污染风险区最佳分类数确定

FPI 和 NCE 随分类数的变化见图 5-6。当分类数为 2 时，相应的 FPI 值最小（<0.02）、NCE 值最小（<0.01）；当分类数为 4 时，相应的 FPI 值和 NCE 值分别为 0.05 和 0.32；当分类数为 3、5、6、7、8 和 9 时，相应的 FPI 值和 NCE 值均比分类数为 2 和 4 时的数值大（图 5-6）。显然，土壤重金属污染风险区最佳分类数为 2。

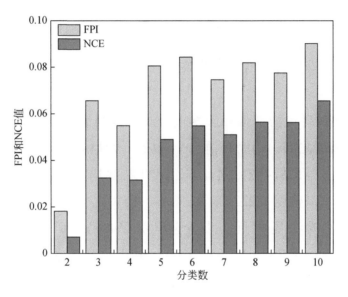

图 5-6 FPI 与 NCE 随风险区分类数的变化

FPI：模糊性能指标；NCE：归一化分类熵

5.2.7 土壤重金属污染风险区划分

土壤重金属污染风险区划分结果见图 5-7。在分类数为 2 的条件下，X 区域分为两部分，分别位于西部和东南部；Y 区域面积较大（1468.52km²），占研究区面积的 74.88%，主要分布在中部及东北部 [图 5-7（a）]。但是，县级生态环境主管部门的人力、物力和财力紧张，难以在短时间内实施有效的监管。为此，基于分类数分析结果，还可划分为 4 个风险区 [图 5-7（b）]。

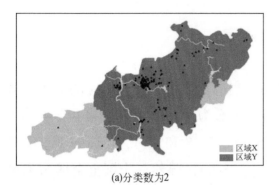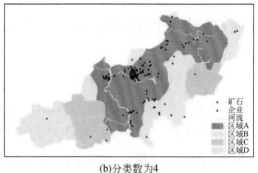

(a)分类数为2　　　　　　　　　　　　　　　　(b)分类数为4

图5-7　土壤重金属污染风险区划分结果

5.2.8　土壤污染风险管控策略制定

不同风险区的环境协变量和土壤重金属浓度均值统计见表5-6。区域A主要分布在中部和东北部，相比其他三个区域，该地区的土壤Cd（0.83mg/kg）、Cr（64.86mg/kg）和Ni（21.94mg/kg）的浓度均值最高，土壤pH平均值（5.98）最高，人口密度（222.37人/km²）最大，平均海拔最低（134.47m）。更重要的是，区域A更邻近工业企业（2.29km）、矿山（3.44km）、道路（0.76km）和河流（1.75km）（表5-6）。城市化和工业化发展使得土壤Cd、Cr、Hg和Ni的污染风险急剧增加。因此，区域A被定义为高风险区。区域B分布在区域A周边，且主要位于中南部（图5-7）。该地区的土壤As（33.65mg/kg）、Cu（31.16mg/kg）、Pb（94.60mg/kg）和Zn（148.51mg/kg）的浓度均值最高，土壤pH（5.37）和人口密度（209.07人/km²）均较高（表5-6）。区域B与工业企业的距离（4.05km）大于区域A（2.29km），小于区域C和D（11.28km和22.60km）（表5-6）。因此，区域B被定义为中风险区。区域C和区域D分别分布在西部和东南部，土壤As（11.49mg/kg和12.24mg/kg）、Cd（0.27mg/kg和0.16mg/kg）、Cr（32.11mg/kg和44.79mg/kg）、Cu（21.67mg/kg和15.07mg/kg）、Hg（0.14mg/kg和0.13mg/kg）、Ni（9.42mg/kg和10.98mg/kg）和Zn（82.44mg/kg和50.65mg/kg）的浓度均值最低，土壤pH（5.07和4.97）和人口（186.04人/km²和196.41人/km²）均最低（表5-6）。该两个区域距离工业企业（11.28km和22.60km）和道路

（2.07km 和 3.89km）最远（表 5-6）。因此，区域 C 和 D 被定义为低风险区。

表 5-6 不同风险区的环境协变量和土壤重金属浓度均值统计

变量	单位	区域 A	区域 B	区域 C	区域 D
工业企业	km	2.29	4.05	11.28	22.60
矿山	km	3.44	5.18	5.25	3.49
道路	km	0.76	1.80	2.07	3.89
河流	km	1.75	6.82	2.35	1.39
人口	人/km²	222.37	209.07	186.04	196.41
海拔	m	134.47	372.84	348.97	382.12
土壤有机质	mg/kg	16.63	18.16	19.38	15.43
土壤 pH	/	5.98	5.37	5.07	4.97
As	mg/kg	24.72	33.65	11.49	12.24
Cd	mg/kg	0.83	0.48	0.27	0.16
Cr	mg/kg	64.86	53.48	32.11	44.79
Cu	mg/kg	30.06	31.16	21.67	15.07
Hg	mg/kg	0.19	0.16	0.14	0.13
Ni	mg/kg	21.94	18.25	9.42	10.98
Pb	mg/kg	81.39	94.60	90.95	62.26
Zn	mg/kg	139.61	148.51	82.44	50.65

根据重金属污染情况、环境协变量特点、风险区等级，针对性地制定了土壤污染风险管控策略。在区域 A（高风险区）中，需严控工矿企业的重金属排放，实行清洁生产和土壤污染隐患排查；集中处理生活垃圾；大量减少污水灌溉；在必要时主动修复受 Cd、Cr、Ni 污染的土壤。在区域 B（中风险区）中，需对受到 As、Cu、Pb、Zn 污染的土壤进行长期连续的监测；科学规划土地开发利用，及时分析土壤环境质量变化。在区域 C 和区域 D（低风险区）中，需定期开展工业和生活垃圾非法倾倒检查；严格限制涉 Pb 工业企业的建设用地准入，严格管控污染源，防止新增土壤污染。

5.3 小 结

（1）土壤 As、Cd、Cr、Cu、Hg、Ni、Pb、Zn 的平均浓度为 24.03mg/kg、0.66mg/kg、57.46mg/kg、29.54mg/kg、0.17mg/kg、18.97mg/kg、81.72mg/kg、

128.68mg/kg，且它们的最大值均高于当地土壤背景值。

（2）在最佳 n_{tree} 和 m_{try} 分别为800和5条件下，获得基于 RF 的8种土壤重金属浓度预测算法，相应的 $R^2 > 0.75$ 且其均值为0.81，预测性能较好。

（3）土壤 As、Cd、Cr、Cu、Hg、Ni、Pb 和 Zn 的前3个环境协变量累积贡献率分别为51%、69%、45%、59%、56%、52%、50%和58%。

（4）土壤 As 在东北部和中南部的浓度较高，其余地区浓度较低；Cd 的空间分布与 Cu、Hg、Pb、Zn 的空间分布相似，高值区域主要集中在中北部和中南部；Cr 和 Ni 在东北部的浓度较高，向外围呈下降趋势。

（5）土壤重金属污染风险区的最佳分类数为2，相应的 FPI 值最小（<0.02）、NCE 值最小（<0.01）。同时，当分类数为4时，FPI 值和 NCE 值分别为0.05和0.32。

（6）区域 A 为高风险区，主要分布在中部和东北部；区域 B 为中风险区，主要分布在中南部；区域 C 和区域 D 为低风险区，分别分布在西部和东南部。

（7）针对高风险区，需严控工矿企业的重金属排放，实行清洁生产和土壤污染隐患排查；集中处理生活垃圾；大量减少污水灌溉；在必要时主动修复受 Cd、Cr、Ni 污染的土壤。

参 考 文 献

陈运帷，王文杰，师华定，等．2019．区域土壤重金属空间分布驱动因子影响力比较案例分析．环境科学研究，32（7）：1213-1223.

郭赋涵．2020．化肥配施土壤改良剂对盐碱地改良及水稻产量的影响．沈阳：沈阳农业大学．

韩雪，朱文谨，潘锡山，等．2021．近岸悬沙垂线分布多元线性回归分析．海洋通报，40（2）：182-188.

何云山．2021．区域土壤重金属污染预测模型研究与应用．北京：北京信息科技大学．

李晓婷．2015．太原市城区周边土壤污染特征分析及等级评价．太原：山西大学．

李雪．2021．基于高光谱的土壤有机质、碱解氮快速检测模型构建．泰安：山东农业大学．

刘斓乾．2020．多元线性回归和粗糙集聚类在疫情数据分析中的应用．长春：吉林大学．

罗刚．2021．基于植被恢复潜力实现的退牧还草生态效果评价与优化．杨凌：西北农林科技大学．

王铭鑫，范超，高秉博，等．2022．融合半变异函数的空间随机森林插值方法．中国生态农业学报（中英文），30（3）：451-457.

杨阳．2020．基于非线性方法的巢湖水体重金属模拟研究．淮南：安徽理工大学．

Breiman L. 2001. Random forests. Machine Learning, 45：5-32.

Chen J, Hoogh K D, Gulliver J, et al. 2019. A comparison of linear regression, regularization, and machinelearning algorithms to develop Europe- wide spatialmodels of fine particles and nitrogen dioxide. Environment International, 130: 104934.

Jia X, Fu T, Hu B, et al. 2020. Identification of the potential risk areas for soil heavy metal pollution based on the source- sink theory. Journal of Hazardous Materials, 393: 122424.

Lee Y, Jung C, Kim S. 2019. Spatial distribution of soil moisture estimates using a multiple linear regression model and Korean geostationary satellite (COMS) data. Agricultural Water Management, 213: 580-593.

Leng X, Wang J, Ji H, et al. 2017. Prediction of size- fractionated airborneparticle- bound metals using MLR, BP-ANN and SVM analyses. Chemosphere, 180: 513-522.

Meng L, Zuo R, Wang J S, et al. 2018. Apportionment and evolution of pollution sources in a typical riverside groundwater resource area using PCA-APCS-MLR model. Journal of Contaminant Hydrology, 218: 70-83.

Wu J, Teng Y, Chen H, et al. 2016. Machine-learning models for on-site estimation of background concentrations of arsenic in soils using soil formation factors. Journal of Soil and Sediments, 16 (6): 1788-1797.

第6章 区域在产企业空间布局调整

针对区域尺度在产企业空间布局不尽合理及其布局调整技术缺失问题，以南方某发达工业城市为研究区，基于土壤污染、自然生态和经济社会等有关多源异构数据，利用反向传播神经网络、熵权法、ArcGIS可视化、核密度估计和加权Voronoi图等，开展地下水脆弱性评价、土地适宜性评价、污染源荷载分析、企业布局调整类型划分、企业空间布局调整范围划定和企业空间布局调整策略制定等，进而建立区域在产企业空间布局调整技术。结果表明，地下水极低脆弱性和低脆弱性分布广泛，中脆弱性零星分布，高脆弱性和极高脆弱性主要分布在中部、西部、东北部及南部。涵盖地形、土壤、气候、植被、水文地质条件、人口和经济水平等方面7个一级因子、20个二级因子的评价指标体系能更好地反映土地适宜性；低度适宜性土地主要分布在东部，中度适宜性土地主要分布在地形较缓、经济水平较高、人口适中地区；高度适宜性土地分布在平原区。40.7%的面积具有高和极高污染源荷载，29.6%的面积具有中污染源荷载，29.7%的面积具有极低和低污染源荷载。搬迁调整型企业主要分布在中部，一般保留型和整合聚集型企业则广泛分布；搬迁调整型企业可调整至土壤污染较轻的整合聚集型企业所在区域。

6.1 材料与方法

6.1.1 研究区概况

研究区为南方某发达工业城市，位于南岭山脉南缘，总面积1.84万km^2。常住人口286万人，城镇化率58.54%，地区生产总值为1563.93亿元。交通便利，拥有京广高铁、京广铁路、韶赣铁路，京港澳、南韶、乐广、大广高速，北江航道，形成铁路、公路、水路纵横交错的交通网络。叶脉式分布有浈江、武江、南水、滃江、北江、新丰江等河流。属亚热带季风气候，年平均降水量 1682mm，年平均气温 21℃。地质构造复杂，火成岩分布极广，地层发育基本齐全。岩溶地貌广布、种类多样，岩类以红色砂砾岩、砂岩、变质岩、花岗岩和石灰岩为主。在地质历史上属间歇上升区，流水侵蚀作用强烈，峡谷众多、山地陡峻，以山地丘陵地貌为主。山水林田湖草生态保护修复工程和土壤污染综合防治项目列入全国试点。

6.1.2 数据基础

土壤、水文地质条件、气候、植被、经济社会、自然地理等方面的多源异构数据信息见表 6-1。

表 6-1 基础数据

数据类型	包含信息	数据格式 （矢量/栅格/细目/ 县级尺度等）	比例尺	来源（网址/统计年鉴等）
工业企业	名称、经纬度	细目（1887 条）	—	百度兴趣点数据
工业污染源	企业位置、名称	细目（201 条）	—	当地 2015 年统计年鉴
污染物	类型、去向	细目（201 条）	—	当地 2015 年统计年鉴
饮用水源地等保护区	名称、经纬度	细目（7 条）	—	网络爬取
生活污水	排放量	县级尺度	—	当地 2020 年统计年鉴
农药、化肥、农膜	使用量	县级尺度	—	当地 2020 年统计年鉴
土壤类型	土壤类型	栅格	1km	资源环境科学数据平台（https://www.resdc.cn）
地下水埋深	埋深	细目（152 条）	—	实测
降水	降水量	栅格	1km	资源环境科学数据平台（https://www.resdc.cn）
含水层介质	介质类型	细目（56 条）	—	中国地质科学院地球物理地球化学勘查研究所
土壤介质	类型	细目（59 条）	—	资源环境科学数据平台（https://www.resdc.cn）
高程	DEM 高程	栅格	1km	资源环境科学数据平台（https://www.resdc.cn）
包气带介质	介质类型	栅格	1km	中国地质科学院地球物理地球化学勘查研究所
渗透系数	渗透系数	细目（16 条）	—	中国地质科学院地球物理地球化学勘查研究所
土地利用类型	类型	栅格	1km	资源环境科学数据平台（https://www.resdc.cn）

数据类型	包含信息	数据格式 (矢量/栅格/细目/ 县级尺度等)	比例尺	来源（网址/统计年鉴等）
地形	地形	栅格	1km	资源环境科学数据平台（https://www.resdc.cn）
蒸发量	蒸发量	县级尺度	—	百度（https://www.baidu.com/）
坡度	坡度	栅格	1km	资源环境科学数据平台（https://www.resdc.cn）
植被类型	类型	栅格	1km	资源环境科学数据平台（https://www.resdc.cn）
植被指数	归一化植被指数	栅格	1km	资源环境科学数据平台（https://www.resdc.cn）
土壤侵蚀	侵蚀类型	栅格	1km	资源环境科学数据平台（https://www.resdc.cn）
土壤 pH	pH	细目（200 条）	—	实测
土壤有机质	土壤有机质	细目（200 条）	—	实测
人口	人口密度	栅格	1km	资源环境科学数据平台（https://www.resdc.cn）
气温	温度	栅格	1km	资源环境科学数据平台（https://www.resdc.cn）
GDP	GDP	栅格	1km	资源环境科学数据平台（https://www.resdc.cn）
工业污染源	行业类别、污染物排放量、排放去向	县级尺度	—	当地 2015 年环境统计数据
农业污染源	农药使用量	县级尺度	—	当地 2020 年统计年鉴
生活污染源	生活污水排放量	县级尺度	—	当地 2020 年统计年鉴

6.1.3　技术路线

以南方某发达工业城市为研究对象，利用多源异构数据，开展地下水脆弱性、土地适宜性、土壤污染现状、土壤污染源荷载、饮用水源地等保护区等空间分布分析和企业空间分布分析（图 6-1）。在此基础上，开展企业布局调整类型划分、企业空间布局调整范围分析和企业空间布局调整策略制定。具体来说，首先，收集土壤污染、经济社会和自然地理等多源异构数据，绘制各个变量图件（包括企业核密度估计图、土壤污染源荷载图、地下水脆弱性分区图、土地适宜性叠加图）。其次，判断各个污染企业是否位于饮用水源地等保护区。若在，则搬迁出保护区；若不在，则根据企业聚集特点进行调整。再次，基于核密度估计查明企业空间分布情况，判断企业聚集特点，划分企业布局调整类型，优化空间布局调整范围。最后，结合饮用水源地等保护区、地下水脆弱性、土壤污染源荷载、土地适宜性及土壤污染现状等，提出企业空间布局调整策略（图6-2）。

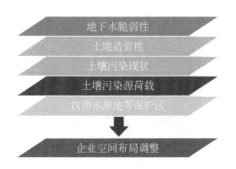

图6-1 总体思路

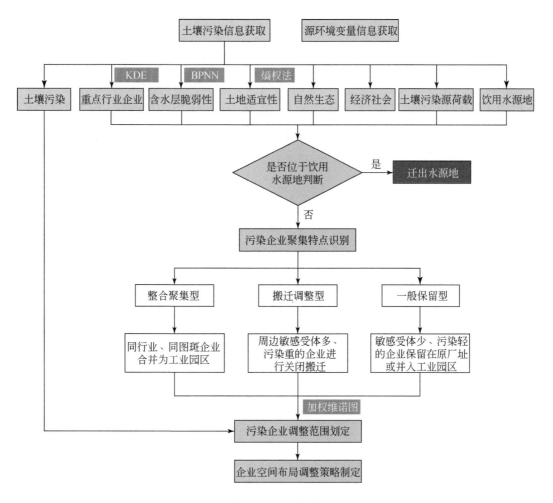

图6-2 技术路线

KDE：核密度估计；BPNN：反向传播神经网络

6.1.4 实验设计

1. 地下水脆弱性评价

利用第 2 章中反向传播神经网络（BPNN）- DRASTICL 模型，分析地下水脆弱性空间分布特点。在该模型中，BPNN 的最佳参数是 trainlm 为训练函数、学习率为 0.1 和隐含层神经元节点数为 6。

2. 土地适宜性评价

利用地形、土壤、气候、植被、水文地质条件、人口和经济等方面因子，构建土地适宜性评价指标体系。利用熵权法（Bai et al., 2020；Xie et al., 2018；Huang et al., 2017；李占山等，2022；王唱唱等，2022；信桂新等，2017）确定各个因子的权重［式（6-1）~式（6-3）］。采用 ArcGIS 10.6 软件叠加赋予权重后的因子图层，绘制土地适宜性分区图。按照联合国粮食及农业组织的《土地评价纲要》，将土地适宜性划分为不适宜、中度适宜和高度适宜三类。

$$y_{ij} = \frac{x'_{ij}}{\sum_{i=1}^{m} x'_{ij}} \tag{6-1}$$

$$e_j = -K \sum_{i=1}^{m} y_{ij} \ln y_{ij}, K = \frac{1}{\ln m} \tag{6-2}$$

$$w_j = \frac{1 - e_j}{\sum_j 1 - e_j} \tag{6-3}$$

式中，x'_{ij} 为指标 j 的归一化数值；y_{ij} 为第 i 个因子的第 j 个指标的比重；e_j 为第 j 个指标的信息熵；m 为指标个数；w_j 为第 j 个指标的权重；K 为常数，常取 $\frac{1}{\ln m}$。

3. 污染源荷载评价

1）单一污染源荷载评价

将地下水污染源划分为工业、农业和生活三类，选取污染物毒性、污染物释放可能性和潜在释放量三项指标反映污染源荷载程度（杨戈芝，2021），参考《地下水污染防治区划分工作指南（试行）》进行评分。单个污染源荷载指数计算见式（6-4）。

$$P_i = T_i \times R_i \times Q_i \tag{6-4}$$

式中，P_i 为单一污染源荷载指数；T_i 为污染物毒性；R_i 为污染物释放可能性；Q_i 为污染物潜在释放量。

工业污染源较为复杂，不同行业所产生的污染物类型不同，同一行业所产生的污染物种类也不完全相同。因此，为便于统计和计算，使用该污染源所属国民经济行业类别近似代替污染物毒性。农业污染源毒性参考化肥农药毒性评分，生活污染源毒性参考生活废水排放毒性评分。各类污染源毒性评价准则见表6-2。

表 6-2　毒性评价准则（杨戈芝，2021）

污染源类型	行业类别	毒性评分
工业污染源	石油加工业	2.50
	有色金属冶炼和压延加工业	3.00
	黑色金属冶炼和压延加工业	3.00
	化学原料和化学品制造业	2.50
	造纸和印刷业	1.00
	金属制品业	1.50
	其他行业	0.25
农业污染源	化肥农药为主	1.50
生活污染源	生活污水排放	1.00

释放可能性由污染源存在时间及是否有防渗措施决定。工业污染源属于点源污染，建厂时间越久，污染物释放可能性越大，反之则越小。农业污染源由当地耕地类型决定；生活污染源由是否具有防渗措施决定。各类污染源污染物释放可能性评价准则见表6-3。

潜在释放量由污染源类型、污染物排放量及有无防渗措施决定。根据201家在产企业得到工业企业废水排放量。根据统计年鉴获取各个县（区、市）的化肥农药施用量和生活污水排放量。潜在释放量评价准则见表6-4。

表 6-3　释放可能性评价准则（杨戈芝，2021）

污染源类型	释放可能性	释放可能性评分
工业污染源	1998 年以前建厂或无防渗措施	1.0
	1998～2011 年建厂	0.6
	2011 年以后建厂	0.2
农业污染源	水田	0.3
	旱地	0.7
生活污染源	有防渗措施	0.1
	无防渗措施	1.0

表 6-4　潜在释放量评价准则（杨戈芝，2021）

污染源类型	潜在释放量	潜在释放量评分
工业污染源 （工业废水排放量，$10^4 t/a$）	≤0.1	1
	0.1～0.5	2
	0.5～1	4
	1～5	6
	5～10	8
	10～50	9
	50～100	10
	≥100	12
农业污染源 （化肥农药施用量，kg/hm^2）	≤180	1
	180～225	3
	225～400	5
	≥400	7
生活污染源 （生活污水排放量，$10^4 t/a$）	≤500	1
	500～1000	3
	1000～1500	5
	1500～2000	7
	≥2000	9

　　污染源荷载指数越大，污染等级越高，表明该污染源对地下水污染风险影响越显著。借助 ArcGIS 10.6 软件，以自然间断法划分为低、中、高三个污染源荷载等级。

2）综合污染源荷载评价

结合污染源数据，根据三种污染源对地下水环境的影响程度赋予其相应的权重（表6-5），并按照式（6-5）计算地下水综合污染源荷载指数。为便于与地下水脆弱性等级建立对应关系，将综合污染源荷载指数按自然间断法划分为5个等级，即极低、低、中、高和极高（表6-6）。

$$PI = \sum_{i=1}^{3} W_i P_i \tag{6-5}$$

式中，PI 为综合污染源荷载指数；W_i 为污染源权重；P_i 为单一污染源荷载指数。

表 6-5　污染源权重（杨戈芝，2021）

污染源类型	工业污染源	农业污染源	生活污染源
权重	5	4	1

表 6-6　综合污染源荷载等级划分

荷载等级	极低	低	中	高	极高
综合荷载指数	≤11	(11, 16]	(16, 21]	(21, 25]	≥25

4. 企业布局调整类型划分

以企业空间分布和土地适宜性空间分布为基础（黄聪等，2016；陈玉娟等，2021），将二者叠加后获取企业空间布局调整类型：搬迁调整型、一般保留型和整合聚集型。整合聚集型的特点是企业分布密集，各个行业企业之间差异不大，管理不便，宜将同图斑内同行业进行合并重组，建立工业园区，实行统一化管理。搬迁调整型的特点是周边敏感受体多，潜在危害大或污染严重企业，应当向边缘搬迁或停产整顿。一般保留型的特点是周边敏感受体不多，且企业规模小，防污措施齐全，宜原地保留或并入工业园区（图6-3）。

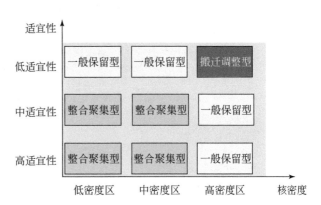

图 6-3　区域在产企业空间布局调整类型划分矩阵

5. 空间布局调整范围划定

以土地适宜性评分的平方根为权重，以建制镇中心为发生元，借助 ArcGIS 10.6 软件，分别绘制加权 Voronoi 图（Feng and Murray，2018；Galindo-Torres and Muñoz，2010；周艺华等，2018；陈学森等，2016；夏娜等，2016），评价工业企业调整范围。

6.2　结果与讨论

6.2.1　地下水脆弱性评价

地下水脆弱性空间分布见图 6-4。极低脆弱性和低脆弱性分布广泛，分别占研究区面积的 26.53% 和 28.75%；中脆弱性零星分布，占研究区面积的 19.05%；高脆弱性和极高脆弱性主要分布在中部、西部、东北部及南部，占研究区面积的 25.67%（图 6-4）。

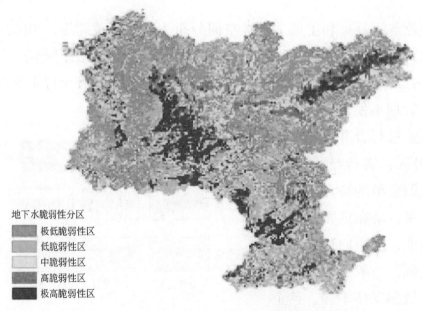

图 6-4　基于 BPNN-DRASTICL 的地下水脆弱性空间分布

6.2.2 土地适宜性评价指标体系构建

土地适宜性评价指标体系主要考虑自然生态和经济社会两个方面的影响因素，涉及地形、土壤、气候、植被、水文地质条件、人口和经济水平等方面 7 个一级因子、16 个二级因子（表6-7）。

表6-7 土地适宜性评价初步指标体系

影响因素	一级因子	二级因子
自然生态	地形	坡度
		高程
	土壤	土壤类型
		土壤 pH
		土壤有机质
		土壤侵蚀
	气候	降水
		气温
	植被	植被类型
		植被指数
	水文地质条件	地下水埋深
		含水层介质
		包气带介质
		渗透系数
经济社会	人口	人口
	经济水平	GDP

基于熵权法的16 个二级因子权重见表6-8。各个指标权重值介于0.0597 ~ 0.0651（表6-8）。

表6-8 基于熵权法的初步二级因子权重

指标	坡度	高程	土壤类型	土壤 pH	土壤有机质	土壤侵蚀	降水	气温
权重	0.0618	0.0627	0.0620	0.0648	0.0649	0.0618	0.0597	0.0627

指标	植被类型	植被指数	地下水埋深	含水层介质	包气带介质	渗透系数	人口	GDP
权重	0.0618	0.0623	0.0626	0.0631	0.0600	0.0651	0.0627	0.0620

为更好地表征土地适宜性，在上述研究基础上，增补"净补给量""土壤介质""土地利用类型""污染源荷载"等 4 个二级因子，形成更加完善的土地适宜性评价指标体系，涉及地形、土壤、气候、植被、水文地质条件、人口和经济水平等方面 7 个一级因子、20 个二级因子（表 6-9）。

表 6-9　土地适宜性评价指标体系

影响因素	一级因子	二级因子
自然生态	地形	坡度
		高程
	土壤	土壤类型
		土壤 pH
		土壤有机质
		土壤侵蚀
	气候	降水
		气温
	植被	植被类型
		植被指数
	水文地质条件	地下水埋深
		净补给量
		含水层介质
		土壤介质
		包气带介质
		渗透系数
经济社会	人口	人口
	经济水平	GDP
		土地利用类型
		污染源荷载

基于熵权法的二级因子权重见表 6-10。各个指标权重值介于 0.0530 ~ 0.0578（表 6-10）。

表 6-10　基于熵权法的二级因子权重

指标	坡度	高程	土壤类型	土壤 pH	土壤有机质	土壤侵蚀	降水	气温
权重	0.0549	0.0556	0.0550	0.0575	0.0576	0.0548	0.0530	0.0556

指标	植被类型	植被指数	地下水埋深	净补给量	含水层介质	土壤介质	包气带介质	渗透系数
权重	0.0548	0.0553	0.0556	0.0551	0.0560	0.0554	0.0552	0.0578

指标	人口	GDP	土地利用类型	污染源荷载				
权重	0.0557	0.0550	0.0568	0.0557				

6.2.3 土地适宜性评价

在考虑污染源荷载和脆弱性条件下，土地适宜性空间分布见图 6-5。低度适宜性土地主要分布在东部地区，部分地区地下水脆弱等级有低有高，污染源荷载较低，但这类地区地形陡峭，森林植被茂密，地表覆盖率高，人口稀少，不适宜进行各种人类活动；中度适宜性土地主要分布在地形较缓、经济水平较高、人口适中地区，该类地区地下水脆弱性较低，污染源荷载较低；高度适宜性土地分布在平原区，该类地区人口密集、经济发展良好、地形平坦，交通便利，适宜进行各种人类活动，具有较高的经济效益，但污染源荷载较高且地下水脆弱性中等偏高，需做好相应的防污防渗措施（图 6-5）。

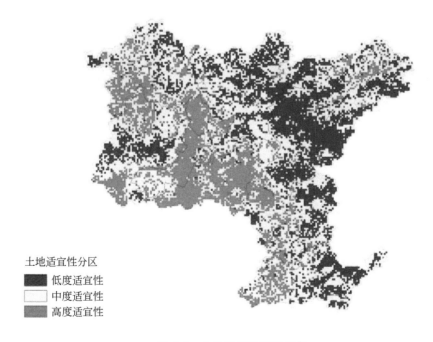

土地适宜性分区
■ 低度适宜性
□ 中度适宜性
▨ 高度适宜性

图 6-5 土地适宜性空间分布

6.2.4 污染源荷载分析

工业、农业和生活污染源荷载空间分布见图6-6。农业与生活污染源荷载主要在西部较高；工业污染源荷载主要在北部与中部较高，金属矿物采选、冶炼和压延加工及化工行业分布广泛是高工业源荷载的主要原因（图6-6）。囿于数据精度及数据量，在进行污染源荷载空间插值过程中产生"牛眼"现象（图6-6）。

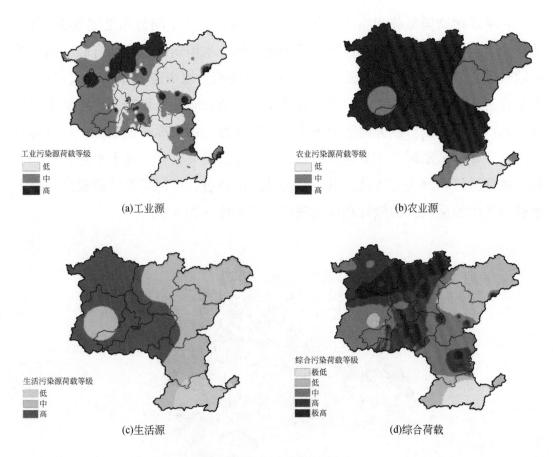

图6-6 污染源荷载空间分布

研究区40.7%的面积具有高和极高污染源荷载，主要集中在中部和北部，这些地区铝、铅锌矿采选及冶炼压延加工行业集中分布；29.6%的面积具有中污染源荷载，集中分布于西部和东部；29.7%的面积具有极低和低污染源荷载，广泛分布在东北和南部（图6-6）。

6.2.5 在产企业空间分布分析

基于核密度估计的在产企业空间分布见图6-7。企业分布高度集中的区域主要在中部；中等集中的区域同样主要分布在中部，同时零星分布在其他部分区域（图6-7）。

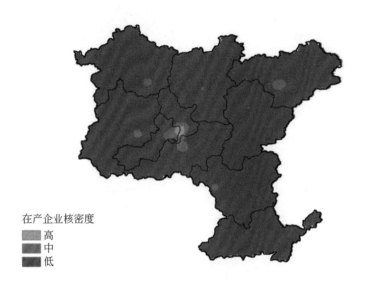

图6-7 在产企业空间分布

6.2.6 企业布局调整类型划分

企业布局调整类型空间分布见图6-8。搬迁调整型企业主要分布在中部；一般保留型和整合聚集型企业则广泛分布（图6-8）。

6.2.7 企业空间布局调整范围划定

企业空间布局调整范围 Voronoi 图斑空间分布见图6-9，图斑面积统计情况见表6-11。共划分为10个图斑，其中，图斑4面积最大达4014km^2。

图 6-8　企业布局调整类型空间分布

图 6-9　企业空间布局调整范围 Voronoi 图斑空间分布（数字为图斑编号）

表 6-11　企业空间布局调整范围 Voronoi 图斑面积统计

图斑编号	图斑面积/km²
1	2628
2	1417
3	3032

图斑编号	图斑面积/km²
4	4014
5	191
6	325
7	1103
8	1964
9	2355
10	2609

6.2.8　企业空间布局调整策略制定

根据饮用水源地等保护区空间分布［图6-10（a）］、土壤污染现状空间分布［图6-10（b）］、地下水脆弱性空间分布（图6-4）、土地适宜性空间分布（图6-5）、土壤污染源荷载空间分布（图6-6）、在产企业空间分布（图6-7）、企业布局调整类型空间分布（图6-8）和企业空间布局调整范围Voronoi图斑空间分布（图6-9）等有关结果，提出企业空间布局调整策略。以图6-9中图

水源地保护区
　仁化澌溪水源地
　翁源南水水库
　乐昌水源地
　南雄巷石水库
　仁化高坪水源地
　翁源贵东水源地
　翁源龙仙河水源地
　武江水源地
　浈江水源地
　南雄瀑布

(a)饮用水源地等保护区

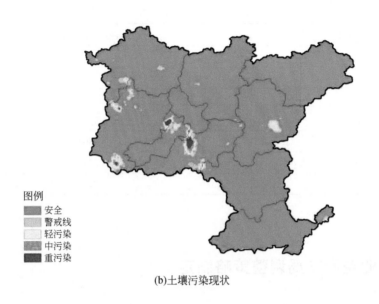

图例
- ■ 安全
- ■ 警戒线
- □ 轻污染
- ▨ 中污染
- ■ 重污染

(b)土壤污染现状

图 6-10　环境变量空间分布

斑 5 为例的企业空间布局调整策略见图 6-11。搬迁调整型企业可调整至整合聚集型企业所在区域［图 6-11（a）］，但结合土壤污染情况，搬迁调整型企业不应调整至土壤污染较重区域，即应调整至土壤污染较轻区域［图 6-11（b）］。

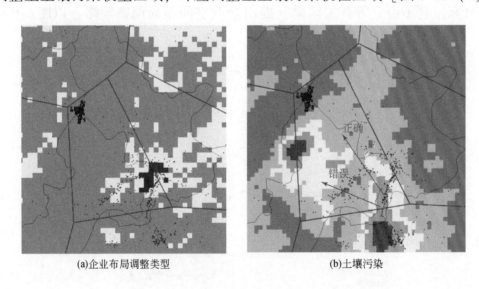

(a)企业布局调整类型　　　　　　　　(b)土壤污染

图 6-11　以图 6-9 中图斑 5 为例的企业空间布局调整策略

6.3 小 结

（1）构建土地适宜性评价指标体系，涉及地形、土壤、气候、植被、水文地质条件、人口和经济水平等方面7个一级因子、20个二级因子。

（2）40.7%的面积具有高和极高污染源荷载，主要集中在中部和北部；29.6%的面积具有中污染源荷载，主要集中分布于西部和东部；29.7%的面积具有极低和低污染源荷载，广泛分布在东北和南部地区。

（3）低度适宜性土地主要分布在东部；中度适宜性土地主要分布在地形较缓、经济水平较高、人口适中地区；高度适宜性土地分布在平原区。

（4）搬迁调整型企业主要分布在中部；一般保留型和整合聚集型企业则广泛分布。

（5）搬迁调整型企业可调整至整合聚集型企业所在区域，但结合土壤污染情况，搬迁调整型企业不应调整至土壤污染较重区域，即应调整至土壤污染较轻区域。

（6）基于熵权法、ArcGIS可视化、核密度估计和加权Voronoi图等，建立区域在产企业空间布局调整技术，涉及地下水脆弱性评价、土地适宜性评价、污染源荷载分析、企业布局调整类型划分、企业空间布局调整范围划定、企业空间布局调整策略制定等。

参 考 文 献

陈学森，蔚承建，王开，等．2016．基于集合影响力的多点核心维诺图算法实现．计算机工程与设计，37（8）：2110-2115.

陈玉娟，吴洋阳，林姗姗，等．2021．基于精明收缩视角的温岭市乡村居民点空间优化研究．现代城市研究，（11）：57-64.

黄聪，赵小敏，郭熙，等．2016．基于核密度的余江县农村居民点布局优化研究．中国农业大学学报，21（11）：165-174.

李占山，杨云凯，张家晨，等．2022．基于熵权法的过滤式特征选择算法．东北大学学报（自然科学版），43（7）：921-929.

王唱唱，左蓓磊，彭新，等．2022．基于熵权法结合层次分析法和反向传播神经网络优选大皂角油制工艺．中草药，53（15）：4687-4697.

夏娜, 束强, 赵青, 等. 2016. 基于维诺图和二分图的水面移动基站路径规划方法. 自动化学报, 42 (8): 1185-1197.

信桂新, 杨朝现, 杨庆媛, 等. 2017. 用熵权法和改进 TOPSIS 模型评价高标准基本农田建设后效应. 农业工程学报, 33 (1): 238-249.

杨戈芝. 2021. 白洋淀流域平原区浅层地下水污染风险评价及预测. 西安: 长安大学.

周艺华, 杜建航, 杨宇光, 等. 2018. 基于维诺图的位置隐私最近邻查询方法. 北京工业大学学报, 44 (2): 225-233.

Bai H, Feng F, Wang J, et al. 2020. A combination prediction model of long-term ionospheric foF2 based on entropy weight method. Entropy, 22 (442): 1-9.

Feng X, Murray A T. 2018. Allocation using a heterogeneous space Voronoi diagram. Journal of Geographical Systems, 20 (3): 207-226.

Galindo-Torres S A, Muñoz J D. 2010. Minkowski-Voronoi diagrams as a method to generate random packings of spheropolygons for the simulation of soils. Physical Review E, 82: 056713.

Huang S, Ming B, Huang Q, et al. 2017. A case study on a combination NDVI forecasting model based on the entropy weight method. Water Resources Management, 31: 3667-3681.

Xie T, Wang M, Su C, et al. 2018. Evaluation of the natural attenuation capacity of urban residential soils with ecosystem-service performance index (EPX) and entropy-weight methods. Environmental Pollution, 238: 222-229.

第7章　场地土壤和地下水污染风险评价

针对地块尺度场地污染风险评价指标多、指标体系构建未充分考虑污染物属性特点和水文地质条件等问题，基于多源数据，考虑污染源负荷、污染物释放可能性、受体特征，运用稀释衰减模型、局部灵敏度分析法、层次分析法、加权求和法，开展指标筛选、指标赋分、一致性检验和权重赋值，研发场地土壤和地下水污染风险评价方法，并将污染风险划分为高风险、中风险、低风险三个等级。局部灵敏度分析法实现了污染物释放可能性指标筛选，减少了指标筛选的主观性。构建的土壤和地下水污染风险评价指标包括土壤污染物超标总倍数、土壤污染物超标最大范围、土壤衰减因子、有机碳-水分配系数、土壤水入渗速率、一阶衰减常数、土壤有机碳浓度、含水层水力传导系数、包气带厚度、纵向弥散度、含水层土壤容重、地下水及邻近地表水用途、场地及周边500m内人口13项指标。在应用验证中，案例一和案例二的污染风险被确定为高风险，案例三和案例四为中风险，它们的风险等级结果与现有评价方法获取的结果一致。

7.1　材料与方法

7.1.1　数据基础

场地土壤和地下水污染风险评价案例（4个）：土壤污染物超标总倍数、土壤污染物超标最大范围、土壤衰减因子、有机碳-水分配系数、土壤水入渗速率、一阶衰减常数、土壤有机碳浓度、含水层渗透系数、包气带厚度、含水层土壤容重、纵向弥散度、地下水及邻近地表水用途、场地及周边500m内人口等。案例一和案例二为重金属污染场地，案例三和案例四为有机物污染场地。根据《关闭搬迁企业地块风险筛查与风险分级技术规定（试行)》（环办土壤〔2017〕67号）中评价方法，它们的污染风险等级分别是高风险、高风险、中风险和中风险。

7.1.2　技术路线

通过资料收集和文献调研，提出场地污染风险评价有关科学问题；从污染源负荷、污染物释放可能性、受体特征三个方面着手，运用稀释衰减模型和局部灵敏度分析法，筛选土壤和地下水污染风险评价指标并构建相应的指标体系；运用层次分析法，开展指标赋分、一致性检验和权重赋值；运用加权求和法，构建土壤和地下水污染风险评价方法。在此基础上，利用四个案例，开展评价方法的应用验证，并根据污染风险综合指数划分污染风险等级（图7-1）。

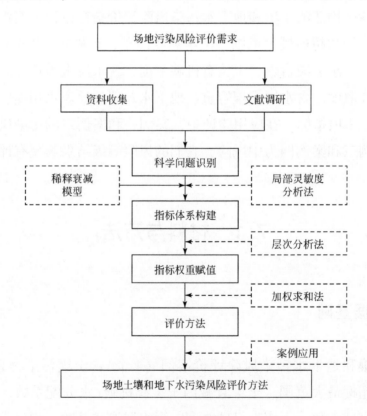

图 7-1　技术路线

7.1.3　实验设计

1. 评价指标筛选过程

1）污染源负荷指标

根据场地污染状况调查有关标准规范，参考国内外已有经验做法，在受污染的土壤作为地下水的主要污染源前提下，选择土壤污染物超标总倍数、土壤污染物超标最大范围作为污染负荷指标。参考《关闭搬迁企业地块风险筛查与风险分级技术规定（试行）》（环办土壤〔2017〕67 号），计算土壤污染物超标总倍数 [式 (7-1)]。

$$P = \sum_{i=1}^{n} \left(\frac{C_i}{C_{0i}} - 1 \right) \tag{7-1}$$

式中，P 为土壤污染物超标总倍数；C_i 为第 i 个特征污染物浓度实测值（mg/kg）；C_{0i} 为第 i 种污染物的限值（mg/kg），参考《土壤环境质量 建设用地土壤污染风险管控标准（试行）》（GB 36600—2018）中筛选值；n 为污染物数量。

2）污染物释放可能性指标

土壤中污染物经淋滤作用进入包气带和含水层，可在包气带介质和含水层介质中发生稀释衰减作用（姜林等，2014；廖晓勇等，2011）。稀释衰减模型可对污染物在土壤、包气带和含水层中释放可能性进行定量预测，预测结果的取值范围为 0～1。当取值为 1 时，表明土壤中所有污染物都有可能渗入地下水；当取值为 0 时，表明土壤中所有污染物都不会渗入地下水（余勤飞等，2010；周友亚等，2007）。本书选取稀释衰减模型模拟污染物在土壤和含水层中迁移转化过程 [式 (7-2)]。由于该模型所含参数较多、计算过程烦琐，采用局部灵敏度分析法对模型参数进行分析（陈卫平等，2017），识别主要影响参数并将其作为污染物释放可能性指标。

局部灵敏度分析法的步骤为：①按照多元一致分布的原则在可行参数空间内利用蒙特卡罗采样生成参数集；②利用生成的参数进行模拟，并按照事先设定的条件进行基于行为和非行为的二元划分原则的参数识别；③利用 K-S 检验或边缘累积分布函数等判断参数对模型的影响程度（陈卫平等，2017；邓义祥等，2003）。根据区域灵敏度分析原理（陈卫平等，2017），本书采用蒙特卡罗抽样法在各个参数区间内随机采样，重复取样 10000 次，计算每组参数对应的输出结果，即稀释衰减因子；取输出结果的前 5% 所对应的参数为可接受参数，利用 K-S 检验分析可接受参数分布与原始分布的差异；参考已有研究成果（李天魁等，2018），根据参数的显著性大小对参数进行筛选。若显著性小于0.05，则认为参数的灵敏度显著，该参数对污染物释放可能性结果影响较大。

$$LF = \frac{SAM \times BDF \times TAF \times DAF}{K_{sw} \times LDF} \tag{7-2}$$

式中，LF 为土壤稀释衰减因子（g/cm^3）；SAM 为土壤衰减因子（无量纲）[式（7-3）]；LDF 为土壤淋滤因子（无量纲）[式（7-4）]；K_{sw} 为总土壤-水分配系数（cm^3/g）[式（7-5）]；BDF 为生物衰减因子（无量纲）[式（7-6）]；TAF 为时间平均因子（无量纲）[式（7-7）]；DAF 为侧向衰减因子（无量纲）[式（7-8）]。

$$SAM = \frac{L_1}{L_2} \tag{7-3}$$

$$LDF = I + 365 \times \frac{V\delta}{IW} \tag{7-4}$$

$$K_{sw} = \frac{\theta_{ws} + (K_d \rho_b) + (H'\theta_{as})}{\rho_b} \tag{7-5}$$

$$BDF = \exp\left[-365 \times \lambda \cdot (L_2 - L_1) \cdot \left(\frac{B_w}{I}\right)\right] \tag{7-6}$$

$$TAF = \frac{L_2 \times B_w}{I \times ED} \times \left[1 - \exp\left(\frac{-I \times ED}{L_2 \times B_w}\right)\right] \tag{7-7}$$

$$DAF = \left\{\frac{1}{4}\exp\left(\frac{x}{2a_x}\left[1 - \sqrt{1 + \frac{4\lambda a_x R_i}{v}}\right]\right)\right\}$$
$$\cdot \left\{erf\left(\frac{y + S_w/2}{2\sqrt{a_x x}}\right) - erf\left(\frac{y - S_w/2}{2\sqrt{a_y x}}\right)\right\} \tag{7-8}$$
$$\cdot \left\{erf\left(\frac{z + S_d}{2\sqrt{a_z x}}\right) - erf\left(\frac{z - S_d}{2\sqrt{a_z x}}\right)\right\}$$

式中，L_1 为污染土层厚度（m）；L_2 为包气带厚度（m）；I 为土壤水入渗速率（m/a）；V 为地下水流速（m/d）[式（7-9）]；δ 为地下水混合区厚度（m）；

W 为污染源宽度（m）；θ_{ws} 为包气带孔隙水体积比（无量纲）；K_d 为土壤–水分配系数（cm³/g）[式（7-10）]；ρ_b 为土壤干容重（g/cm³）；H' 为环境温度下亨利常数（无量纲）；θ_{as} 为包气带孔隙空气体积比（无量纲）；λ 为一阶衰减常数（d⁻¹）；B_w 为自由水分配系数（无量纲）[式（7-11）]；ED 为暴露周期（a）；x 为地下水迁移的纵向距离（m）；y、z 分别为污染源至地下水污染羽中心线的横向、垂向距离（m）；S_w、S_d 分别为地下水污染源宽度、厚度（m）；R_i 为污染物阻滞因子（无量纲）[式（7-15）]。

$$V = K \cdot i \tag{7-9}$$

$$K_d = K_{oc} \cdot f_{oc} \tag{7-10}$$

$$B_w = \theta_{ws} + K_d \rho_b + H\theta_{as} \tag{7-11}$$

$$a_x = 0.83 \times (\lg x)^{2.414} \tag{7-12}$$

$$a_y = a_x / 10 \tag{7-13}$$

$$a_z = a_x / 100 \tag{7-14}$$

$$R_i = 1 + \frac{K_{oc} \cdot f_{oca} \cdot \rho_d}{\theta_e} \tag{7-15}$$

$$v = \frac{K \cdot i}{\theta_e} \tag{7-16}$$

式中，K 为含水层水力传导系数（m/d）；i 为水力梯度（无量纲）；K_{oc} 为有机碳–水分配系数（cm³/g）；f_{oc} 为土壤有机碳浓度（g/g）；a_x、a_y、a_z 分别为含水层介质的纵向、横向、垂向弥散度（m）[式（7-12）~ 式（7-14）]；f_{oca} 为含水层有机碳质量分数（无量纲）；ρ_d 为含水层土壤容重（g/cm³）；θ_e 为含水层有效孔隙度（无量纲）；v 为地下水渗流速度（m/d）[式（7-16）]；H 为亨利常数。

3）受体特征指标

污染源扩散后会对周边人群健康或环境安全造成危害，甚至引发不可逆的伤害。参考《关闭搬迁企业地块风险筛查与风险分级技术规定（试行）》（环办土壤〔2017〕67 号），选择地下水及邻近地表水用途、场地及周边 500m 内人口作为受体特征指标。地下水利用类型包括生活用水、补给水源、农业灌溉用水、工业用途或不利用。不同的地下水利用类型对人体健康的影响有较大差别，如生活饮用水对人体健康的影响最大，而工业用水对人体健康的影响较小。场地及周边人口越多，场地污染风险越大。

2. 评价指标权重赋值

层次分析法将评价指标按支配关系分成若干层次，对同一层次的各个指标进行两两比较，以获得各个指标间的相对重要性。本书采用层次分析法，建立土壤和地下水污染风险评价指标体系的递阶层次结构（表 7-1）。目标层是指标体系的最高层次，体现场地污染风险评价的总体目标，包含土壤和地下水污染风险 1 项指标；准则层是确保总体目标实现的主要系统层次，包含污染源负荷、污染物释放可能性、受体特征 3 项指标；指标层是指标体系的最基本层次，包含土壤污染物超标总倍数、土壤污染物超标最大范围、土壤衰减因子、有机碳–水分配系数、土壤水入渗速率、一阶衰减常数、土壤有机碳浓度、含水层水力传导系数、包气带厚度、含水层土壤容重、纵向弥散度、地下水及邻近地表水用途、场地及周边 500m 内人口共 13 项指标。

表 7-1　土壤和地下水污染风险评价指标体系的递阶层次结构

目标层	准则层	指标层
土壤和地下水污染风险	污染源负荷	土壤污染物超标总倍数
		土壤污染物超标最大范围
	污染物释放可能性	土壤衰减因子
		有机碳–水分配系数
		土壤水入渗速率
		一阶衰减常数
		土壤有机碳浓度
		含水层水力传导系数
		包气带厚度
		含水层土壤容重
		纵向弥散度
	受体特征	地下水及邻近地表水用途
		场地及周边 500m 内人口

采用层次分析法，分别对各个层次的各个指标进行赋分。将赋分后指标进行相互比较和分析，建立各个指标相对重要性的定量判断矩阵 ［式（7-17）］。采用 1～9 标度法进行各个指标的相对重要性对比，标度相对重要性及含义见表 7-2。

$$A = \begin{bmatrix} b_{11} & b_{12} & \cdots & b_{1j} \\ b_{21} & b_{22} & \cdots & b_{2j} \\ b_{31} & b_{32} & \cdots & b_{3j} \\ \vdots & \vdots & & \vdots \\ b_{i1} & b_{i2} & \cdots & b_{ij} \end{bmatrix} \tag{7-17}$$

表 7-2　标度相对重要性及含义

标度	重要性及含义
1	表示两个指标相比，具有相同重要性
3	表示两个指标相比，前者比后者稍重要
5	表示两个指标相比，前者比后者明显重要
7	表示两个指标相比，前者比后者强烈重要
9	表示两个指标相比，前者比后者极端重要
2、4、6、8	表示上述相邻判断的中间值

对各个指标赋分进行一致性检验，通过检验则代表指标赋分可接受。利用矩阵中指标指数的最大特征值和特征指标的个数，求出相应的一致性指数 [式 (7-18)]；利用一致性指数和随机一致性指标，求出相应的一致性比率 [式 (7-19)]。

$$I_C = \frac{\lambda_{\max} - n}{n - 1} \tag{7-18}$$

式中，I_C 为一致性指标；$\lambda_{\max}$ 为判断矩阵中指标指数的最大特征值；n 为特征指标的个数。在 Matlab 2016 中计算求得 $\lambda_{\max}$。

$$R_C = \frac{I_C}{I_R} \tag{7-19}$$

式中，R_C 为一致性比率；I_R 为随机一致性指标，其分值见表 7-3。

表 7-3　随机一致性指标分值

n	1	2	3	4	⋯	24	25	26	27	28
I_R	0	0	0.5303	0.8845	⋯	1.6511	1.6550	1.6586	1.6627	1.6662

3. 评价方法构建与分级

利用加权求和法，建立土壤和地下水污染风险评价方法，计算土壤和地下水污染风险综合指数 [式（7-20）]。污染风险综合指数取值范围为 1~10，且其值越大，污染风险越大。根据污染风险综合指数，将污染风险划分为高风险（1<R<4）、中风险（4<R<7）、低风险（7<R<10）三个等级。

$$R = \sum_{i=1}^{m} w_i x_i \qquad (7\text{-}20)$$

式中，R 为土壤和地下水污染风险综合指数；m 为指标个数；x_i 为第 i 个指标的分值；w_i 为第 i 个指标的权重。

7.2　结果与讨论

7.2.1　污染物释放可能性指标筛选

稀释衰减模型参数及其取值范围见表 7-4，各个参数的区域灵敏度分析结果（模型参数 K-S 统计量）见表 7-5。由表 7-4 可知，稀释衰减模型涉及含水层土壤容重、土壤有机碳浓度、有机碳–水分配系数、土壤衰减因子、土壤水入渗速率、含水层水力传导系数等 22 个参数，且各个参数间取值差异较大。

表 7-4　稀释衰减模型参数及其取值范围（杨昱等，2017；席北斗，2012；
李天魁等，2018；朱性宝，2013）

序号	参数	取值
1	含水层土壤容重/(g/cm³)	[1.50, 1.57]
2	土壤有机碳浓度/(g/g)	[0, 0.049]
3	有机碳–水分配系数/(cm³/g)	[-1, 6]
4	土壤衰减因子	[0, 1]
5	土壤水入渗速率/(m/a)	[0, 1.84]
6	含水层水力传导系数/(m/d)	[0.001, 100]
7	水力梯度	[0.001, 0.1]
8	地下水混合区厚度/m	[0, 50]
9	包气带孔隙水体积比	[0.1, 0.26]
10	一阶衰减常数/d⁻¹	[0, 0.5]
11	暴露周期/a	[0, 40]

续表

序号	参数	取值
12	包气带厚度/m	[0, 20]
13	纵向弥散度/m	[0.01, 41]
14	横向弥散度/m	[0.1, 32]
15	垂向弥散度/m	[0.005, 0.25]
16	纵向距离/m	[50, 3600]
17	横向距离/m	[0, 300]
18	垂向距离/m	[0, 50]
19	土壤有机碳浓度/(g/g)	[0, 0.01]
20	含水层有效孔隙度	[0.1, 0.5]
21	污染源厚度/m	[0, 50]
22	污染源宽度/m	[50, 1000]

表 7-5　模型参数 *K-S* 统计量

序号	参数	统计量	显著性
1	含水层土壤容重	0.876	0
2	土壤有机碳浓度	0.069	0.016
3	有机碳-水分配系数	0.661	0
4	土壤衰减因子	0.067	0.023
5	土壤水入渗速率	0.102	0
6	含水层水力传导系数	0.065	0.029
7	水力梯度	0.028	0.841
8	地下水混合区厚度	0.027	0.848
9	包气带孔隙水体积比	0.033	0.643
10	一阶衰减常数	0.088	0.001
11	暴露周期	0.044	0.295
12	包气带厚度	0.082	0.003
13	纵向弥散度	0.062	0.046
14	横向弥散度	0.038	0.47
15	垂向弥散度	0.035	0.587
16	纵向距离	0.045	0.252
17	横向距离	0.043	0.326

序号	参数	统计量	显著性
18	垂向距离	0.043	0.307
19	土壤有机碳浓度	0.016	0.999
20	含水层有效孔隙度	0.034	0.615
21	污染源厚度	0.037	0.498
22	污染源宽度	0.039	0.442

由表 7-5 可知，在 22 个参数中，含水层土壤容重、有机碳-水分配系数、土壤水入渗速率、一阶衰减常数、土壤衰减因子、土壤有机碳浓度、含水层水力传导系数、包气带厚度、纵向弥散度 9 个参数的灵敏度显著。因此，选取这些参数作为污染物释放可能性指标。

7.2.2 评价指标权重赋值分析

准则层和指标层的指标赋分分别见表 7-6 ~ 表 7-9，相应确定的各个指标权重见表 7-10。由表 7-10 可知，污染源负荷的单层次指标权重为 0.33，污染物释放可能性的单层次指标权重为 0.33，受体特征的单层次指标权重为 0.34；土壤污染物超标总倍数的权重最大（0.23），纵向弥散度和含水层水力传导系数的权重最小（0.01）。

表 7-6 准则层指标分值

准则层	污染源负荷	污染物释放可能性	受体特征
污染源负荷	1	1	1
污染物释放可能性	1	1	1
受体特征	1	1	1

表 7-7 污染源负荷指标分值

污染源负荷指标	土壤污染物超标总倍数	土壤污染物超标最大范围
土壤污染物超标总倍数	1	7
土壤污染物超标最大范围	1/7	1

表 7-8　污染物释放可能性指标分值

指标	土壤衰减因子	有机碳–水分配系数	土壤水入渗速率	一阶衰减常数	土壤有机碳浓度	含水层水力传导系数	包气带厚度	含水层土壤容重	纵向弥散度
土壤衰减因子	1.00	0.20	0.33	0.50	2.00	2.0	1.00	0.20	3
有机碳–水分配系数	5.00	1.00	2.00	3.00	4.00	5.0	3.00	2.00	6
土壤水入渗速率	3.00	0.50	1.00	2.00	3.00	3.0	2.00	0.50	5
一阶衰减常数	2.00	0.33	0.50	1.00	3.00	3.0	1.00	0.33	4
土壤有机碳浓度	0.50	0.25	0.33	0.33	1.00	2.0	0.50	0.25	3
含水层水力传导系数	0.50	0.20	0.33	0.33	0.50	1.0	0.50	0.25	2
包气带厚度	1.00	0.33	0.50	1.00	2.00	2.0	1.00	0.33	3
含水层土壤容重	5.00	0.50	2.00	3.00	4.00	4.0	3.00	1.00	5
纵向弥散度	0.33	0.17	0.20	0.25	0.33	0.5	0.33	0.20	1

表 7-9　污染受体特征分值

指标	地下水及邻近地表水用途	场地及周边 500m 内人口
地下水及邻近地表水用途	1	5
场地及周边 500m 内人口	1/5	1

表 7-10　指标权重

目标层	准则层		指标层		
	指标	单层次指标权重	指标	单层次指标权重	总指标权重
土壤和地下水污染风险	污染源负荷	0.33	土壤污染物超标总倍数	0.70	0.23
			土壤污染物超标最大范围	0.30	0.10
	污染物释放可能性	0.33	土壤衰减因子	0.07	0.02
			有机碳–水分配系数	0.26	0.09
			土壤水入渗速率	0.15	0.05
			一阶衰减常数	0.10	0.03
			土壤有机碳浓度	0.05	0.02
			含水层水力传导系数	0.04	0.01
			包气带厚度	0.08	0.03
			含水层土壤容重	0.22	0.07
			纵向弥散度	0.03	0.01
	受体特征	0.34	地下水及邻近地表水用途	0.60	0.20
			场地及周边 500m 内人口	0.40	0.14

7.2.3　评价指标赋分规则制定

参考国内外已有经验做法（Abbasi et al., 2013；杨昱等，2017；朱性宝，2013；席北斗，2012），根据赋分规则，对各个指标进行赋分，分值范围为1～10。

土壤污染物超标总倍数赋分：参考美国污染场地分类分级系统，根据超标倍数大小进行分级并赋分，赋分规则见表7-11。

表7-11　污染源负荷指标分级赋分

土壤污染物超标总倍数		土壤污染物超标最大范围	
分级	分值	分级/$10^3 m^3$	分值
>100	10	>10	10
(50, 100]	7	(5, 10]	7
(10, 50]	4	(1, 5]	4
≤10	1	≤1	1

土壤污染物超标最大范围赋分：土壤污染物超标最大范围指污染土壤体积；参考加拿大污染场地分类分级系统，根据超标范围大小进行分级并赋分，赋分规则见表7-11。

地下水及邻近地表水用途赋分：参考《关闭搬迁企业地块风险筛查与风险分级技术规定（试行）》（环办土壤〔2017〕67号），根据利用类型对人体健康的影响大小进行分级并赋分，赋分规则见表7-12。

表7-12　受体特征指标分级赋分

地下水及邻近地表水用途		场地及周边500m内人口	
分级	分值	分级/人	分值
生活用水	10	>5000	10
补给水源	7	(1000, 5000]	7
农业灌溉用水	4	(100, 1000]	4
工业用途或不利用	1	≤100	1

场地及周边500m内人口赋分：参考《关闭搬迁企业地块风险筛查与风险

分级技术规定（试行）》（环办土壤〔2017〕67号），根据人口数量多少进行分级并赋分，赋分规则见表7-12。

有机碳-水分配系数赋分：有机碳-水分配系数表征非离子性有机化合物在有机碳-水交互界面中的分配比例，可评估这些化合物在环境中迁移、转化和归宿能力；根据有机碳-水分配系数对数值（$\lg K_{oc}$）大小进行分级并赋分，赋分规则见表7-13。

表7-13 污染物释放可能性指标分级赋分

有机碳-水分配系数		一阶衰减常数		土壤水入渗速率		土壤衰减因子		土壤有机碳浓度	
分级/（cm³/g）	分值	分级/d⁻¹	分值	分级/（m/a）	分值	分级	分值	分级/（g/g）	分值
≤1	10	≤0.003	10	>1.4	10	(0.7，1]	10	≤0.001	10
(1，3]	6	(0.003，0.01]	7	(0.9，1.4]	7	(0.4，0.7]	6	(0.001，0.002]	7
>3	2	(0.01，0.02]	4	(0.5，0.9]	4	[0，0.4]	2	(0.002，0.003]	4
—	—	>0.02	1	≤0.5	1	—	—	>0.003	1

含水层水力传导系数/（m/d）		包气带厚度/m		含水层土壤容重/（g/cm³）		纵向弥散度/m	
分级	分值	分级	分值	分级	分值	分级	分值
>81.5	10	≤3	10	≤1.52	10	>22	10
(40.7，81.5]	8	(3，10]	6	(1.52，1.54]	6	(15，22]	8
(28.5，40.7]	6	>10	2	>1.54	2	(8，15]	6
(12.2，28.5]	4	—	—	—	—	(1，8]	4
(4.1，12.2]	2	—	—	—	—	≤1	2
≤4.1	1	—	—	—	—	—	—

一阶衰减常数赋分：衰减常数代表污染物在水体中衰减速率；根据一阶衰减常数大小进行分级并赋分，赋分规则见表7-13。

土壤水入渗速率赋分：土壤水入渗速率表征土壤中污染物进入含水层的难易程度；根据入渗速大小进行分级并赋分，赋分规则见表7-13。

土壤衰减因子赋分：土壤衰减因子取决于污染土层厚度和包气带厚度［式(7-3)］；根据衰减因子大小进行分级并赋分，赋分规则见表7-13。

土壤有机碳浓度赋分：土壤有机碳指土壤中各种正价态的含碳有机化合物；根据有机碳含量多少进行分级并赋分，赋分规则见表7-13。

含水层水力传导系数赋分：含水层水力传导系数等于水力梯度为 1 时的渗透流速，表征含水层介质透水性能；根据渗透系数大小进行分级并赋分，赋分规则见表 7-13。

包气带厚度赋分：包气带指地面以下潜水面以上的地带；根据包气带厚度大小进行分级并赋分，赋分规则见表 7-13。

含水层土壤容重赋分：土壤容重指一定容积的土壤（包括土粒及粒间的孔隙）烘干后质量与烘干前体积的比值；根据含水层土壤容重大小进行分级并赋分，赋分规则见表 7-13。

纵向弥散度赋分：纵向弥散度表征沿地下水流向上含水层介质的水动力弥散特征，具有尺度效应；根据弥散度大小进行分级并赋分，赋分规则见表 7-13。

7.2.4 评价方法应用验证

4 个案例的场地土壤和地下水污染风险评价指标分值见表 7-14，对应的污染风险综合指数及风险等级见表 7-15。由表 7-15 可知，4 个案例的确定性均大于 80%，表明可信度满足计算要求；案例一和案例二的土壤和地下水污染风险为高风险，案例三和案例四为中风险，说明它们的风险等级结果与现有评价方法获取的结果一致。

表 7-14 各个案例的指标取值及赋分

指标	案例一		案例二		案例三		案例四	
	取值	赋分	取值	赋分	取值	赋分	取值	赋分
土壤污染物超标总倍数	142.38	10	12.00	4	6659.00	10	34.90	4
土壤污染物超标最大范围	$2.98 \times 10^3 m^3$	4	$82.80 \times 10^3 m^3$	10	$1.35 \times 10^3 m^3$	4	$3.38 \times 10^3 m^3$	4
土壤衰减因子	1	10	1	10	1	10	1	10
有机碳–水分配系数	$0.20 cm^3/g$	10	$0.20 cm^3/g$	10	$1.85 cm^3/g$	6	$0.54 cm^3/g$	10
土壤水入渗速率	0.36m/a	1	0.25m/a	1	2.10m/a	10	1.82m/a	10
一阶衰减常数	—	10	—	10	$9.00 \times 10^{-5} d^{-1}$	10	—	10
土壤有机碳浓度	0.0025g/g	4		4		4		4

续表

指标	案例一		案例二		案例三		案例四	
	取值	赋分	取值	赋分	取值	赋分	取值	赋分
含水层水力传导系数	12.00m/d	2	21.60m/d	4	0.34m/d	1	0.49m/d	1
包气带厚度	8.70m	6	4.10m	6	3.50m	6	1.10m	10
纵向弥散度	2.98m	4	4.42m	4	3.45m	4	3.32m	4
含水层土壤容重	1.47g/cm³	10	1.20g/cm³	10	—	4	—	4
地下水及邻近地表水用途	生活用水	10	生活用水	10	工业用途或不利用	1	—	4
场地及周边 500m 内人口	1500 人	7	3000 人	7	—	4	—	4

注："—"代表指标取值未知。

表 7-15　案例场地土壤和地下水污染风险评价结果

案例	案例一	案例二	案例三	案例四
污染风险综合指数	8.75	7.39	6.19	5.89
风险等级	高风险	高风险	中风险	中风险
确定性/%	100	88	85	81

7.2.5　评价方法优势与局限

与现有评价方法相比，本评价方法采用了污染物自身属性有关指标（如有机碳-水分配系数、一阶衰减常数）。使用局部灵敏度分析法对稀释衰减模型参数进行分析，筛选出污染物释放可能性指标，减少了指标筛选的主观性，剔除了冗余指标。本评价方法确定的污染风险等级与现有评价方法获取的结果一致，但评价指标远少于现有评价指标，减少了场地污染状况调查中基础信息采集工作量。本评价方法涉及含水层水力传导系数、包气带厚度、纵向弥散度、含水层土壤容重等数据，对水文地质勘察要求较高。本评价方法仅在 4 个案例中进行了应用验证，尚需大量案例进行进一步验证与优化。

7.3　小　　结

（1）从污染源负荷、污染物释放可能性、受体特征三个方面着手，运用稀释衰减模型、局部灵敏度分析法、层次分析法、加权求和法进行指标筛选和权重赋值，构建形成场地土壤和地下水污染风险评价方法。根据污染风险综合指数，将污染风险划分为高风险、中风险、低风险三个等级。

（2）在22个参数中，筛选有机碳–水分配系数、土壤水入渗速率、一阶衰减常数、土壤衰减因子、含水层土壤容重、土壤有机碳浓度、含水层水力传导系数、包气带厚度、纵向弥散度9个参数作为污染物释放可能性指标。

（3）在应用验证中，案例一和案例二的土壤和地下水污染风险为高风险，案例三和案例四为中风险，它们的风险等级结果与现有评价方法获取的结果一致。

参 考 文 献

陈卫平, 涂宏志, 彭驰, 等. 2017. 环境模型中敏感性分析方法评述. 环境科学, 38（11）: 4889-4896.

邓义祥, 王琦, 赖斯芸, 等. 2003. 优化、RSA和GLUE方法在非线性环境模型参数识别中的比较. 环境科学, 24（6）: 9-15.

姜林, 钟茂生, 张丽娜, 等. 2014. 基于风险的中国污染场地管理体系研究. 环境污染与防治, 36（8）: 1-10.

李天魁, 刘毅, 谢云峰. 2018. 关闭搬迁企业地块风险筛查方法评估——基于EPACMTP模型的研究. 中国环境科学, 38（10）: 3985-3992.

廖晓勇, 崇忠义, 阎秀兰, 等. 2011. 城市工业污染场地: 中国环境修复领域的新课题. 环境科学, 32（3）: 784-794.

席北斗. 2012. 危险废物填埋场地下水污染风险评估和分级管理技术. 北京: 中国环境科学出版社.

杨昱, 廉新颖, 马志飞, 等. 2017. 污染场地地下水污染风险分级技术方法研究. 环境工程技术学报, 7（3）: 323-331.

余勤飞, 文方, 侯红, 等. 2010. 发达国家污染场地分类机制及其对中国的启示. 环境污染与防治, 32（11）: 78-83.

周友亚, 颜增光, 郭观林, 等. 2007. 污染场地国家分类管理模式与方法. 环境保护, 35（10）: 32-35.

朱性宝. 2013. 基于迭置指数法的地下水污染源强评价方法研究. 新乡: 河南师范大学.

Abbasi S, Mohammadi K, Kholghi M, et al. 2013. Aquifer vulnerability assessments using DRASTIC, weights of evidence and the analytic element method. Hydrological Sciences Journal, 58（1）: 186-197.

| 第 8 章 | 场地地下水污染动态风险评价

针对地块尺度场地地下水污染风险评价时仅考虑静态风险和忽略污染扩散风险问题，以湖南某场地及其周边为研究区，基于多源数据，建立耦合风险筛查和数值模拟的场地地下水污染动态风险评价方法。结果表明，场地土壤和地下水六价铬随时间逐渐向下游扩散，地下水六价铬浓度在第38天时达到最大值（1239.5mg/L），第585天时迁移至河流，第917天时污染羽面积达到最大值。利用地下水污染静态风险评价方法、地下水污染动态风险评价方法计算得到的总分值分别为76.2分和72.4分，但后者略低于前者，表明针对污染物在包气带和饱和带中迁移情况，地下水污染静态风险评价相比地下水污染动态风险评价可能趋于保守。该场地的动态风险等级始终为高风险，呈先增加后稳定再下降趋势，并在500~700d时地下水污染动态风险评价总分值达到最高值（95.2分）。建议该场地尽快开展地下水污染风险管控和修复，避免地下水污染扩散而导致污染风险增大。

8.1　材料与方法

8.1.1　研究区概况

研究区为湖南省湘乡市某场地及其周边区域（11.16km²）（图8-1）。靠近北回归线，属亚热带季风湿润气候，四季分明，雨量充沛，雨热同季，溪河密布。年平均气温17.1℃，无霜期283d，日照时数1558.7h，降水量1326.8mm，蒸发量1284.1~1340.0mm，风速24m/s。地层岩性自地面向下依次为人工填土、粉质黏土、中砂、圆砾和强风化泥质粉砂岩，地下水主要赋存于第四系松散岩类孔隙含水层，埋深介于6.2~14.8m。地下水补给来源主要有大气降水和河流侧向补给，入渗补给量为343mm/a。排泄方式主要有蒸发、侧向径流和人工开采，涟水河是主要排泄渠道。地下水位西高东低，径流方向为西北向东南。

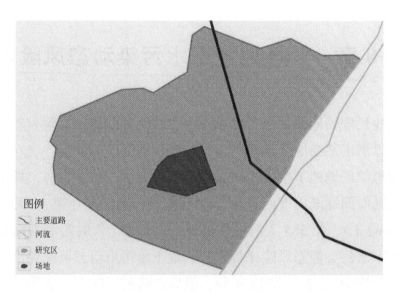

图8-1　研究区位置

场地（0.59km²）于2010年淘汰退出，现已关闭搬迁。原有一条铬盐生产线，历年累计生产金属铬3万余吨，年产生废水680万t，经焙烧、浸滤后产生的铬渣长期露天堆放，经淋滤作用向下渗入土壤和地下水，地表堆存的铬渣及含铬渣土已全部得到处理。主要污染物为六价铬，其中土壤六价铬的最高浓度为3430mg/kg，土壤污染面积约0.23km²；地下水六价铬的最高浓度为109mg/L，最大超标倍数为1089倍。周边存在污染受体，距居民区仅200m，距涟水河仅1.05km。

8.1.2　技术路线

通过资料收集和文献调研，提出基于风险筛查的地下水污染静态风险评估方法和基于数值模拟的地下水污染扩散风险评价方法；将地下水污染静态风险评价指标代入地下水流场模型和溶质运移模型，获取污染物迁移至敏感目标的时间并将其作为地下水污染风险动态评价指标之一；融合《关闭搬迁企业地块风险筛查与风险分级技术规定（试行）》（环办土壤〔2017〕67号）中关闭搬迁企业地下水污染风险筛查指标和污染物迁移至敏感目标的时间指标，建立基于风险筛查和数值模拟的地下水污染风险动态评价方法；以研究区中某场地为应用案例，开展方法验证（图 8-2）。

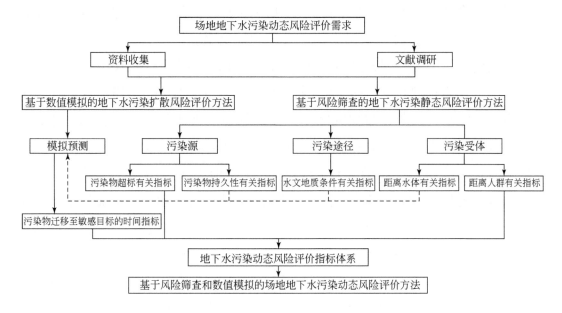

图 8-2 技术路线

8.1.3 实验设计

1. 地下水污染静态风险评价

参考《关闭搬迁企业地块风险筛查与风险分级技术规定（试行）》（环办土壤〔2017〕67 号）中关闭搬迁企业地下水污染风险筛查指标，借助过程分析法，围绕"污染源—污染途径—污染受体"三个环节，分别从污染源、污染途径和污染受体三个方面，筛选 13 项污染静态风险评价指标，建立基于风险筛查的场地地下水污染静态风险评价方法（图 8-2）。

2. 地下水污染扩散风险评价

通常，根据水文地质条件，概化地下水污染特征，明确污染源、污染途径、污染受体之间的关系，识别污染迁移转化过程和典型污染物，形成地下水污染概念模型。利用 FEFLOW 7.0 软件，构建非均质、各向异性三维非稳定流地下水流场模型和溶质运移模型（王浩等，2010；贺国平等，2003）。在进行地下水流场模拟和溶质运移模拟时，需要获取空间信息参数（如边界位置、地层厚度、污染羽面积）、动力学参数（如渗透参数、孔隙度、弥散度、化学反应参数）和源汇项参数（如污染物进入量和排出量）。

在案例应用中，针对地下水流场模拟，将研究区划分为20826个单元格，设定涟水河作为东侧定水头边界，多年平均水位为41.94m，河流西侧2.5km处作为上游定水头边界；将研究区垂向上划分为六个地层（其中，前三层为包气带，后三层为饱和带）（表8-1），设定下边界为隔水边界。当实测值水头值与预测值水头值的相关系数为0.9996时，获取地下水模拟流场，并将其作为六价铬运移模拟的初始流场。针对溶质运移模拟，设定包气带纵向弥散度为1m，饱和带纵向弥散度为100m，横向弥散度为纵向弥散度的20%。考虑六价铬运移过程中存在氧化还原反应，反应系数取1.6×10^{-7}/s（刘玲等，2022）。以土壤六价铬3430mg/kg、地下水六价铬109mg/L作为初始浓度，考虑仅存在降水入渗情况，模拟土壤和地下水六价铬的迁移转化过程，获取六价铬迁移至涟水河的时间，确定地下水污染扩散风险，建立基于数值模拟的场地地下水污染扩散风险评价方法。

表8-1　研究区水文地质参数

参数	第一层	第二层	第三层	第四层	第五层	第六层
K_{xx}/(m/d)	0.0864	0.0864	0.1	1	33	4
K_{yy}/(m/d)	0.0864	0.0864	0.1	1	33	4
K_{zz}/(m/d)	0.0864	0.0864	0.01	0.1	3.3	0.4
孔隙度	0.5	0.1	0.05	0.1	0.3	0.1

3. 地下水污染动态风险评价

在地下水污染静态风险评价指标体系中，选取地下水污染物是否含持久性有机污染物、地下水污染物挥发性、地下水污染物迁移性三项指标作为地下水污染扩散风险评价的化学反应参数，地下水埋深、包气带土壤渗透性、饱和带土壤渗透性、年降水量四项指标作为地下水污染扩散风险评价的动力学参数，地下防渗措施指标作为地下水污染扩散风险评价的源汇项参数，重点区域离最近饮用水井、集中式饮用水水源地的距离作为地下水污染扩散风险评价的空间信息参数。这些参数代入地下水流场模型和溶质运移模型，得到污染物迁移至敏感目标的时间。

考虑污染物迁移时间、污染源、污染途径和污染受体，构建地下水污染动态风险评价指标体系，涉及地下水污染物超标总倍数、地下水污染物对人体健康的危害效应、污染物迁移到敏感目标的时间、地下水及邻近区域地表水用途、场地及周边 500m 内人口五项指标（表 8-2）。其中，污染物迁移到敏感目标的时间表征污染物在土壤和地下水中迁移过程的影响因素，展现污染物浓度和范围的变化。地下水污染静态风险评价指标体系中相应的九项指标分值相加确定污染物迁移至敏感目标的时间指标分值（表 8-2）。将各个指标分别赋分并叠加，得到场地地下水污染动态风险评价总分值，进而建立基于风险筛查和数值模拟的场地地下水污染风险动态评价方法。参考《关闭搬迁企业地块风险筛查与风险分级技术规定（试行）》（环办土壤〔2017〕67 号），根据动态风险评价总分值，将场地地下水污染风险划分为高风险（>70 分）、中风险（40～70 分）、低风险（<40 分）三个等级。

表 8-2 地下水污染风险评价指标体系

指标类别	地下水污染静态风险评价（Bagordo et al., 2016）		地下水污染动态风险评价	
	指标	最大分值	指标	最大分值
污染源	地下水污染物超标总倍数	25.0	地下水污染物超标总倍数	25.0
	地下水污染物对人体健康的危害效应	19.0	地下水污染物对人体健康的危害效应	19.0
	地下水污染物是否含持久性有机污染物	3.0	污染物迁移到敏感目标的时间	38.0
污染途径	地下防渗措施	3.0		
	地下水埋深	2.0		
	包气带土壤渗透性	2.0		
	饱和带土壤渗透性	3.0		
	地下水污染物挥发性	4.0		
	地下水污染物迁移性	6.0		
	年降水量	3.0		
污染受体	重点区域离最近饮用水井、集中式饮用水水源地的距离	12.0		
	地下水及邻近区域地表水用途	12.0	地下水及邻近区域地表水用途	12.0
	场地及周边 500m 内人口	6.0	场地及周边 500m 内人口	6.0

在案例应用中，污染羽迁移至涟水河的时间减去污染物已迁移的时间得到污染物迁移至敏感目标的时间。当污染羽已迁移至涟水河时，该指标得分取最大值。参考《饮用水水源保护区划分技术规范》（环境保护部，2018），将1000d和100d分别作为"污染物迁移至敏感目标的时间（T）"评分范围的上下限，将300d作为中间值；参考《关闭搬迁企业地块风险筛查与风险分级技术规定（试行）》（环办土壤〔2017〕67号）中重点区域离最近敏感目标的距离指标区间划定原则，四个等级的分值分别设定为最大值的10%、40%、70%和100%，并将各个等级的指标分值设定为3.8、15.2、26.6和38（表8-3）。

表8-3　污染物迁移至敏感目标的时间指标分级

污染物迁移至敏感目标的时间/d	分值
$T \leq 100$	38.0
$100 < T \leq 300$	26.6
$300 < T < 1000$	15.2
$T \geq 1000$	3.8

8.2　结果与讨论

8.2.1　初始污染浓度模拟预测分析

以研究区中场地为应用案例，初始土壤和地下水六价铬浓度空间分布见图8-3。

由图8-3可知，土壤六价铬高浓度区域主要分布在场地的东南部，且与地下水六价铬高浓度区域相重叠；六价铬污染羽尚未出场界。

8.2.2　污染扩散风险模拟预测分析

以研究区中场地为应用案例，地下水六价铬污染羽随时间变化见图8-4。

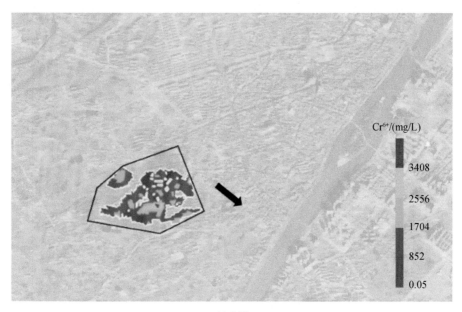

(a)土壤

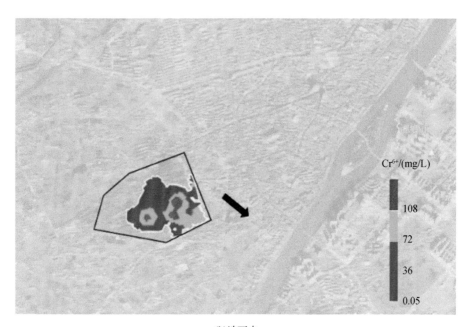

(b)地下水

图 8-3　初始土壤和地下水六价铬浓度空间分布

箭头：地下水流向；边框：场地边界

(a)第38天

(b)第585天

(c)第917天

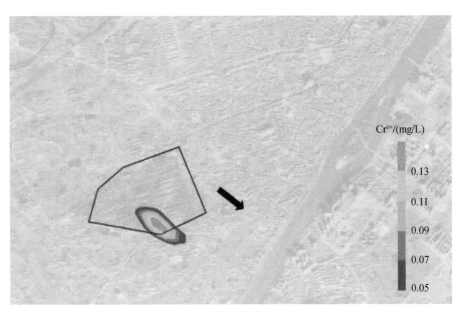

(d)第2000天

图 8-4 地下水中六价铬污染羽随时间变化

箭头：地下水流向；边框：场地边界

由图 8-4 可知，随着时间的增加，地下水六价铬逐渐向下游扩散。在初始阶段，六价铬浓度逐渐上升，在第 38 天达到最大值（1239.50mg/L）；随后，在对流和弥散作用下向下游运移，六价铬浓度逐渐得到稀释并下降，但污染羽面积却逐渐增大［图8-4（a）和（b）］。在第585天时，六价铬迁移至下游的涟水河，表明此时地下水污染对涟水河产生负面影响。同时，六价铬最大浓度（36.9mg/L）仍出现在场地内部［图8-4（b）］。在第917天时，污染羽面积达到最大值，且最大浓度为7.8mg/L［图8-4（c）］。随着时间的推移，污染羽面积逐渐减小，六价铬浓度持续得到稀释。在第2000天时，污染羽仅小范围分布于场地的南部［图8-4（d）］。

8.2.3 污染风险评价结果比较

以研究区中场地为应用案例，地下水污染静态风险评价结果与地下水污染动态风险评价结果的对比见表8-4。

表8-4 地下水污染风险评价结果对比

指标类别	地下水污染静态风险评价			地下水污染动态风险评价		
	指标	指标得分/分	总分值/分	指标	指标得分/分	总分值/分
污染源	地下水污染物超标总倍数	25.0		地下水污染物超标总倍数	25.0	
	地下水污染物对人体健康的危害效应	19.0		地下水污染物对人体健康的危害效应	19.0	
	地下水污染物是否含持久性有机污染物	0				
污染途径	地下防渗措施	3.0	76.2	污染物迁移到敏感目标的时间	15.2	72.4
	地下水埋深	1.2				
	包气带土壤渗透性	2.0				
	饱和带土壤渗透性	1.8				
	地下水污染物挥发性	0.8				
污染受体	地下水污染物迁移性	6.0				
	年降水量	3.0				
	重点区域离最近饮用水井、集中式饮用水水源地的距离	1.2				
	地下水及邻近区域地表水用途	6.0		场地及周边500m内人口	6.0	
	场地及周边500m内人口	7.2		地下水及邻近区域地表水用途	7.2	

由表8-4可知，基于地下水污染静态风险评价和地下水污染动态风险评价

的总分值分别为 76.2 分和 72.4 分。显然，尽管评价方法不同，但该场地的风险等级均为高风险。地下水污染动态风险评价结果（72.4 分）略低于地下水污染静态风险评价结果（76.2 分），这缘于污染物迁移到敏感目标的时间得分（15.2 分）略低于地下水污染物是否含持久性有机污染物、地下防渗措施、地下水埋深、包气带土壤渗透性、饱和带土壤渗透性、地下水污染物挥发性、地下水污染物迁移性、年降水量、重点区域离最近饮用水井、集中式饮用水水源地的距离九项指标累计得分（19.0）（表 8-4）。这些结果表明，针对污染物在包气带和饱和带中迁移情况，地下水污染静态风险评价相比地下水污染动态风险评价可能趋于保守，这与已有相关研究结论一致（Li et al., 2021）。污染物在土壤和地下水中迁移是一个复杂的耦合过程，环境介质和污染物理化性质均会影响污染物的迁移速率。例如，土壤会对迁移至地下水的污染物起到过滤和缓冲作用，进而导致地下水污染动态风险评价相比静态风险评价得到的风险偏低（Keesstra et al., 2012；Arias-Estevez et al., 2008）。

8.2.4 地下水污染风险动态变化

地下水污染物的迁移扩散是一个动态过程，表明地下水污染风险也动态发生变化（尹芝华等，2017）。以研究区中场地为应用案例，地下水污染动态风险评价结果见表 8-5。

表 8-5 地下水污染动态风险评价结果

模拟 时间/d	六价铬 浓度/(mg/L)	迁移至敏感目标的 时间/d	动态风险评价 总分值/分
0	109.00	585	72.4
50	1096.36	535	72.4
100	570.90	485	72.4
200	445.90	385	72.4
300	342.00	285	83.8
400	196.50	185	83.8
500	83.71	85	95.2
600	34.82	0	95.2
700	16.96	0	95.2

模拟 时间/d	六价铬 浓度/(mg/L)	迁移至敏感目标的 时间/d	动态风险评价 总分值/分
850	9.93	0	87.7
1000	5.78	0	87.7
1100	4.09	0	80.2
1200	2.86	0	80.2
1400	1.41	0	80.2
2000	0.14	0	80.2

由表 8-5 可知，在 0～2000d，风险等级始终为高风险；地下水污染风险呈先增加后稳定再下降趋势，并在 500～700d 时地下水污染动态风险评价总分值达到最高值（95.2 分）。显然，亟须对该场地开展地下水污染风险管控和修复，避免地下水污染扩散而导致污染风险增大。

8.3　小　　结

（1）综合地下水污染静态风险评价和地下水污染扩散风险评价，建立基于风险筛查和数值模拟的场地地下水污染风险动态评价方法，将地下水污染风险划分为高风险（>70 分）、中风险（40～70 分）、低风险（<40 分）三个等级，并在湖南某场地开展方法验证。

（2）场地土壤和地下水六价铬均随时间逐渐向下游扩散，地下水六价铬浓度在第 38 天时达到最大值（1239.5mg/L），第 585 天时迁移至河流，第 917 天时污染羽面积达到最大值。

（3）针对污染物在包气带和饱和带中迁移情况，地下水污染静态风险评价相比地下水污染动态风险评价结果可能趋于保守。

（4）该场地地下水污染动态风险始终为高风险，呈先增加后稳定再下降趋势，并在 500～700d 时地下水污染动态风险评价总分值达到最高值（95.2 分）。

参 考 文 献

贺国平，邵景力，崔亚莉，等 . 2003. FEFLOW 在地下水流模拟方面的应用 . 成都理工大学学报（自然科学版），30（4）：356-361.

环境保护部 . 2018. 饮用水水源保护区划分技术规范（HJ 338—2018）. 北京：中国环境科学出版社 .

刘玲，陈坚，牛浩博，等 . 2022. 基于 FEFLOW 的三维土壤–地下水耦合铬污染数值模拟研究 . 水文地质工程地质，49（1）：164-174.

王浩，陆垂裕，秦大庸，等 . 2010. 地下水数值计算与应用研究进展综述 . 地学前缘，17（6）：1-12.

尹芝华，杜青青，翟远征，等 . 2017. 利用 HYDRUS-2D 软件模拟污染事故后三氮污染物的迁移转化规律 . 环境污染与防治，39（10）：1071-1076.

Arias-Estevez M，Eugenio L P，Elena M C，et al. 2008. The mobility and degradation of pesticides in soils and the pollution of groundwater resources. Agriculture，Ecosystems & Environment，123（4）：247-260.

Bagordo F，Migoni D，Grassu T，et al. 2016. Using the DPSIR framework to identify factors influencing the quality of groundwater in Grecia Salentina（Puglia，Italy）. Rendiconti Lincei-Scienze Fisiche e Naturali，27：113-125.

Keesstra S D，Geissen V，Mosse K，et al. 2012. Soil as a filter for groundwater quality. Current Opinion in Environmental Sustainability，4（5）：507-516.

Li T，Liu Y，Bierg P L，et al. 2021. Prioritization of potentially contaminated sites：A comparison between the application of a solute transport model and a risk-screening method in China. Journal of Environmental Management，281：111765.

| 第 9 章 | 场地土壤和地下水污染风险诊断智能预测

针对现有场地土壤和地下水污染风险诊断技术流程复杂、风险诊断智能方法缺失等问题，利用大数据，考虑污染源–迁移途径–敏感受体风险三要素，建立场地污染风险智能诊断案例库，分别构建场地污染风险分类指标体系和风险分级指标体系，开展指标赋分一致性检验，进而提出基于反向传播神经网络（BPNN）和支持向量机（SVM）的场地污染风险诊断智能预测模型。结果表明，trainlm 为训练函数、隐藏层神经元个数为 6、学习率为 0.1 是 BPNN 的最佳参数；核函数为 linear、C 为 1、gamma 为 0.8 是 SVM 的最佳参数；确定风险分类指标体系的 I_C 为 11.45、I_R 为 1.51、R_C 为 0.03<0.10，风险分级指标体系的 I_C 为 11.53、I_R 为 1.51、R_C 为 0.04<0.10；选择 BPNN 用于风险分类预测，相应的 R^2=0.9974、MRE=0.12%、RMSE=0.0376；选择 SVM 用于风险分级预测，相应的 R^2=0.9970、MRE=0.5%、RMSE=0.4341；在此基础上，建立基于 BPNN 和 SVM 的场地污染风险诊断智能预测模型，并利用该模型确定 65 个有风险案例中存在 22 个高风险案例。在 65 个有风险案例中，涉及 20 个金属制品业案例、7 个化学原料和化学制品制造业案例、3 个有色金属冶炼和压延加工业案例、2 个黑色金属冶炼和压延加工业案例。

9.1 材料与方法

9.1.1 数据基础

具有不同行业特点及覆盖不同区域的场地土壤和地下水污染风险诊断案例（120 个），每个案例包含初步调查报告、详细调查报告、风险评估报告等。

53 个化学原料和化学制品制造业案例分散分布在沿海地区, 占比为 44%; 8 个有色金属冶炼和压延加工业案例分布在广西、江苏和上海, 占比为 7%; 12 个黑色金属冶炼和压延加工业案例主要聚集在长江三角洲流域, 京津冀也有分布, 占比为 10%; 20 个金属制品业案例分布在江苏和浙江及重庆与四川交界处, 占比为 17%; 4 个非金属矿物制品业案例分布在江苏, 占比为 3%; 3 个石油、煤炭及其他燃料加工业案例分布在四川、重庆, 占比为 3%; 20 个其他行业案例零星分布在广西、江西、山西等, 占比为 17%(图 9-1)。

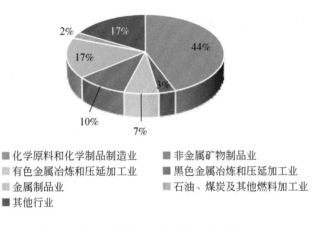

图 9-1 场地污染风险诊断案例所属行业占比

9.1.2 BPNN

BPNN 是人工智能的分支, 是一套由许多简单的运算单位组成的仿真大脑结构与功能的系统, 最早由 Kohonen 给出了抽象定义(付琦, 2015)。BPNN 是误差反向后传, 利用输出后的误差估计输出层的直接前导层, 再利用这个误差估计更前一层的误差, 如此一层层地反传下去, 进而可获得所有其他各个层的误差估计(牛志娟, 2016)(图 9-2 和图 9-3)。BPNN 特别适合求解内部机制复杂的问题, 具有高度的自学习和自适应能力, 泛化能力强, 容错能力强(Martin and Howard, 2002)。

在 BPNN 中, 输入层包含 a 个元素, 隐藏层包含 b 个元素, 而输出层包含 c 个元素, x 是输入层与隐藏层之间的调节常数, y 是隐藏层与输出层之间的调节常数(图 9-2)。权重的不断调节也是神经网络学习和训练的一个过程。这个过程将持续进行下去,直至网络输出的错误减少到可接受的范围或达到预定的学习数量(周永进,2007)。

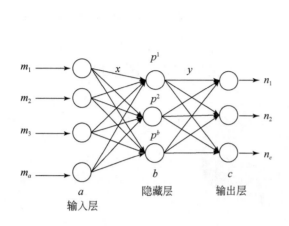

图 9-2　反向传播神经网络概念图

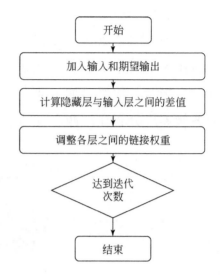

图 9-3　反向传播神经网络计算流程

9.1.3　SVM

SVM 是一种基于监督学习的二进制数据分类、模式识别和回归分析的指导学习模型,最早于 1995 年由 Cortes 和 Vapnik 提出(Cortes and Vapnik,1995)。SVM 可被称为一个广义的线性分类器,其判定边界为最大边距超平面(图 9-4)。margin 代表分类平面间的最大分类间隔,处于分类线两侧的数据点为待分类的样本(刘方园等,2018)(图 9-4)。SVM能分析各项数据,适用于预测分析,能简化传统的回归和分类等问题,具有良好的泛化能力(林楠等,2014)。SVM 的优点有在高维空间很有效;在特征数超过样本数情况下仍然有效;在决策函数里使用一个训练点子集,进而存储有效;在决策函数里可使用不同的内积函数。同时,SVM 的

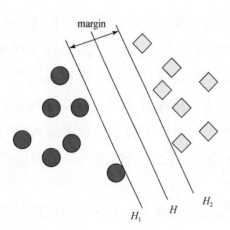

图 9-4　SVM 概念图

缺点有当特征数远超样本数时易过度拟合；不直接提供概率估计，而是使用 5 倍交叉验证计算概率估计。

9.1.4 技术路线

通过资料收集和文献调研，提出场地污染风险智能诊断有关科学问题。按照风险分类（有风险、无风险）和风险分级（高风险、低风险）两个步骤进行场地污染风险智能诊断；参考《重点行业企业用地调查信息采集技术规定（试行）》（环办土壤〔2017〕67 号）中附录 3 "关闭搬迁企业地块信息调查表"，从项目概况、场地概念模型、污染源、迁移途径、敏感受体等方面建立场地污染风险智能诊断案例框架；依据案例框架，提取现有案例中信息，构建形成场地污染风险智能诊断案例库，用于场地污染风险智能诊断；通过调整参数，构建和优化 BPNN 和 SVM；考虑污染源–迁移途径–敏感受体风险三要素，分别构建风险分类和风险分级指标体系；在此基础上，形成基于 BPNN 和 SVM 的场地污染风险智能诊断预测模型（图 9-5）。

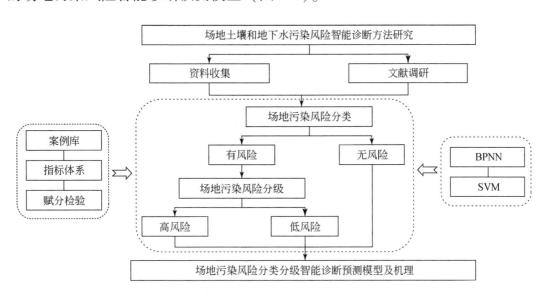

图 9-5 技术路线

9.1.5 实验设计

1. 风险智能诊断案例库构建

通过人工提取初步调查报告、详细调查报告、风险评估报告中信息，构建场地污染风险智能诊断案例库（含 120 个案例，其中 65 个有风险案例和 55 个无风险案例）。

2. 风险诊断指标体系构建

考虑污染源–迁移途径–敏感受体风险三要素，结合场地污染风险诊断需求，参考《重点行业企业用地调查信息采集技术规定（试行）》（环办土壤〔2017〕67 号），分别建立场地污染风险分类和风险分级指标体系。

3. 风险诊断指标赋分

基于《土壤环境质量 建设用地土壤污染风险管控标准（试行）》（GB 36600—2018）、《土地利用现状分类》（GB/T 21010—2017）和《地下水质量标准》（GB/T 14848—2017）（Ⅲ类标准），确定场地污染风险分类和风险分级指标体系中各个指标的规则。采用层次分析法，分别对两个指标体系中各个指标进行权重赋值。分别对两个指标体系中各个指标权重进行一致性检验，通过检验则代表指标权重可接受。

4. 机器学习算法优化

最优 BPNN 构建：以均方误差（MSE）为评价指标［式（9-1）］，通过调整训练函数（traingd、traingdm、traingda、traingdx、traincg、trainbfg、trainlm）、学习率（0.001、0.005、0.01、0.05、0.1、0.5）、神经元个数（3、4、5、6、7、8、9、10、11、12、13），比选确定 BPNN 的最佳参数。

最优 SVM 构建：以 MSE 为评价指标［式（9-1）］，通过调整内积函数（radial、linear、polynomial）、gamma（0.1、0.8、1）、C（5、1、0），比选确定 SVM 的最佳参数。

$$MSE = \frac{\sum\limits_{i=1}^{n}(A(i)-P(i))^2}{n} \tag{9-1}$$

式中，n 为交叉验证集中的样本数量；$A(i)$ 为样本的实测值；$P(i)$ 为样本的预测值。

5. 风险诊断预测模型比选

以相关系数（R^2）、均方误差（MSE）、平均相对误差（MRE）及均方根误差（RMSE）作为评价指标［式（9-2）~式（9-5）］，对 BPNN 和 SVM 的预测性能进行比较，分别筛选确定用于场地污染风险分类和分级的预测模型。通常，预测模型的准确性随着 R^2 的增大、MRE 和 RMSE 的减小而提高。

$$R^2 = 1 - \frac{\sum\limits_{i=1}^{n}(P(i)-\bar{A})^2}{\sum\limits_{i=1}^{n}(A(i)-\bar{A})^2} \tag{9-2}$$

$$MSE = \frac{\sum\limits_{i=1}^{n}(A(i)-P(i))^2}{n} \tag{9-3}$$

$$MRE = \frac{1}{n}\sum\limits_{i=1}^{n}\frac{|A(i)-P(i)|}{A(i)} \tag{9-4}$$

$$RMSE = \sqrt{\frac{\sum\limits_{i=1}^{n}(A(i)-P(i))^2}{n}} \tag{9-5}$$

式中，n 为交叉验证集中的样本数量；$A(i)$ 为样本的实测值；$P(i)$ 为样本的预测值；$\bar{A}$ 为实测值的平均值。

6. 污染风险分级总分值计算

根据土壤和地下水的指标分数，求出场地污染风险分级总分值［式（9-6）］。

$$S = \sqrt{\frac{S_s^2 + S_{gw}^2}{2}} \tag{9-6}$$

式中，S 为场地污染风险分级总分值；S_s 为场地土壤污染风险分级得分；S_{gw} 为场地地下水污染风险分级得分。当 $S \geqslant 60$ 分时，判定场地为高风险场地；当 $S < 60$ 分时，判定场地为低风险场地。

9.2 结果与讨论

9.2.1 风险智能诊断案例库构建

确定场地污染风险智能诊断案例库的基本框架，每个案例的信息内容分成三级，其中一级信息包括场地概况、污染源、迁移途径和敏感受体，二级信息和三级信息见表 9-1。

表 9-1 场地污染风险智能诊断案例库中案例基础信息框架

一级信息	二级信息	三级信息
场地概况	场地基本信息	场地名称、地理坐标、所属行业等
	区域自然、经济、社会环境概况	气候、气象、地形、地貌、水文等
	场地周边环境	—
	场地内部环境	—
污染源	污染源	主要原料名称、产品名称等
	污染物	名称、最大浓度、毒性特性等
迁移途径	迁移途径	包气带、含水层
	暴露途径	皮肤接触、经口摄入等
敏感受体	敏感目标	场地内及周边范围内敏感目标

场地基本信息包括场地名称、地理坐标、占地面积、所属行业、土地利用历史（时间范围及利用历史）、场地现状（在产或关闭）及场地是否位于工业园区七项指标。

区域自然、经济、社会环境概况包括地形地貌（平原、高原、丘陵、盆地、山地等）、气候、气象、场地周边地表水［类型（湖泊、河流、池塘、水库等）、水量、距场地距离、向地下水的补排水量］、水文地质条件（区域地质构造、岩性、地下水流场）、GDP、人口、所属城市八项指标。

污染源包括主要原料名称、产品名称、主要工艺、污染物的产生四项指标。

污染物包括土壤污染物和地下水污染物的污染物名称、最大浓度、毒性特性、修复目标值四项指标,重点关注《土壤环境质量 建设用地土壤污染风险管控标准(试行)》(GB 36600—2018)中 85 项污染物。

迁移途径包括包气带(渗透系数最大的岩性、渗透系数和该岩土体厚度)和含水层(最主要岩性、厚度、渗透系数)两项指标,渗透系数见表 9-2。

表 9-2 不同岩性土体的渗透系数

松散岩体	渗透系数 / (m/s)	沉积岩	渗透系数 / (m/s)	结晶岩	渗透系数 / (m/s)
砾石	$3 \times 10^{-4} \sim 3 \times 10^{-2}$	礁灰岩	$1 \times 10^{-6} \sim 2 \times 10^{-2}$	渗透性玄武岩	$4 \times 10^{-7} \sim 2 \times 10^{-2}$
粗砂	$9 \times 10^{-7} \sim 6 \times 10^{-3}$	石灰岩	$1 \times 10^{-9} \sim 6 \times 10^{-6}$		
中砂	$9 \times 10^{-7} \sim 5 \times 10^{-4}$	砂岩	$3 \times 10^{-10} \sim 6 \times 10^{-6}$	玄武岩	$2 \times 10^{-11} \sim 4.2 \times 10^{-7}$
细砂	$2 \times 10^{-7} \sim 2 \times 10^{-4}$	粉砂岩	$1 \times 10^{-11} \sim 1.4 \times 10^{-8}$	花岗岩	$3.3 \times 10^{-6} \sim 5.2 \times 10^{-5}$
粉砂	$1 \times 10^{-9} \sim 2 \times 10^{-5}$	岩盐	$1 \times 10^{-12} \sim 1 \times 10^{-10}$	辉长岩	$5.5 \times 10^{-7} \sim 3.8 \times 10^{-6}$
漂积土	$1 \times 10^{-12} \sim 2 \times 10^{-6}$	硬石膏	$4 \times 10^{-13} \sim 2 \times 10^{-8}$	裂隙火山变质岩	$8 \times 10^{-9} \sim 3 \times 10^{-4}$
黏土	$1 \times 10^{-11} \sim 4.7 \times 10^{-9}$	页岩	$1 \times 10^{-13} \sim 2 \times 10^{-9}$		

暴露途径包括皮肤接触、经口摄入、饮食暴露(包括饮水)、呼吸吸入四项指标。

敏感目标包括场地内及周边范围内敏感目标(成人和儿童、饮用水水源、天然渔场、自然保护区等)两项指标。

9.2.2 风险分类指标体系及指标赋分

1. 指标体系

构建的场地污染风险分类指标体系见图 9-6。

所属行业:指《国民经济行业分类》(GB/T 4754—2017)中所属的行业类别。

土地利用规划:指目前或计划用地的使用情况。若现行与规划用地使用模

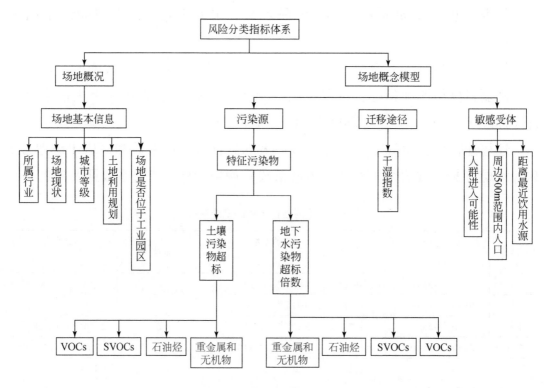

图 9-6　风险分类指标体系

VOCs：挥发性有机物；SVOCs：半挥发性有机物

式不符，则以其敏感性最高者为准。

场地现状：指企业的在产或关闭状态。

城市等级：按照《国务院关于调整城市规模划分标准的通知》（国发〔2014〕51 号），A 级别的城市有 4 个，包括北京、上海、广州、深圳；B 级别的城市有 21 个，包括重庆、天津、杭州、南京等；C 级别的城市有 41 个，包括太原、呼和浩特、贵阳、兰州等；D 级别的城市有 62 个，包括银川、西宁、拉萨、三亚等；E 级别的城市有 190 个，包括肇庆、清远、汕尾、梅州等；F 级别是其他城市。

土壤污染物超标倍数：指在土壤样品中检出且浓度超过《土壤环境质量 建设用地土壤污染风险管控标准（试行）》（GB36600—2018）中筛选值的污染物的超标倍数之和 [式（9-7）]。

$$Es = \sum_{i=1}^{n} \frac{Cs_i - Ss_i}{Ss_i} \tag{9-7}$$

式中，n 为土壤中浓度超过筛选值的污染物种类数；Cs_i 为超过筛选值的第 i 个污染物在场地土壤中的浓度（mg/kg），以该区域所有土壤样本的试验数据最大值为准；Ss_i 为第 i 种土壤污染物的筛选值（mg/kg）。

地下水污染物超标倍数：指在地下水样品中检出且浓度超过《地下水质量标准》（GB/T 14848—2017）中Ⅲ类标准的污染物的超标倍数之和 ［式（9-8）］。

$$Egw = \sum_{i=1}^{n} \frac{Cgw_i - Sgw_i}{RSgw_i} \tag{9-8}$$

式中，n 为地下水中浓度超过筛选值的污染物种类数；Cgw_i 为超过筛选值的第 i 个污染物在场地地下水中的浓度（mg/L），以该区域所有地下水样本的试验数据最大值为准；Sgw_i 为第 i 种地下水污染物的限值（mg/L）；$RSgw_i$ 为第 i 种污染物的限值（mg/kg），参考《地下水质量标准》（GB/T 14848—2017）中Ⅲ类标准。

干湿指数：根据多年平均降水量和多年蒸发量计算 ［式（9-9）］。

$$DWI = \frac{\overline{P}}{\overline{E_0}} \tag{9-9}$$

式中，DWI 为干湿指数（无量纲）；$\overline{P}$ 为多年平均蒸发量（mm）；$\overline{E_0}$ 为多年平均蒸发量（mm）。根据实际需求，可调整降水量和蒸发量时所取的年份。

人群进入可能性：指人群进入和接触场地的可能性大小。

场地周边 500m 范围内人口：指场地及周边 500m 以内的人口总数。

地块距离最近饮用水源：指场地重点地区与邻近饮用水井、集中饮用水水源之间的距离。若附近有多个井或集中供水，以相邻区域最近的为准。

2. 赋分规则

1）逻辑型指标

根据赋分规则，对所属行业、场地现状、土地利用规划、场地是否位于工业园区、人群进入场地可能性、场地周边 500m 范围内人口、地块距离最近饮用水源距离等 7 个逻辑型指标进行赋分。

所属行业赋分：根据现有调查发现的重点行业对土壤和地下水污染程度，对场地所属行业进行赋分，所属行业赋分规则见表 9-3。

表 9-3　所属行业赋分规则

所属行业	赋分
金属制品业	8
化学原料和化学制品制造业	6
有色金属冶炼和压延加工业	4
黑色金属冶炼和压延加工业	3
石油和天然气开采业	2
其他行业	1

场地现状赋分：在产赋 1 分，关闭赋 0 分。

土地利用规划赋分：根据《土地利用现状分类》（GB/T 21010—2017）确定赋分规则，其中，住宅用地、公园与绿地、居住用地等一类用地赋 2 分，工业用地、商服用地、道路与交通设施用地等二类用地赋 4 分，土地利用规划赋分规则见表 9-4。

表 9-4　土地利用规划赋分规则

土地利用规划	土地利用规划等级	赋分
城镇住宅用地	一类用地	2
住宅用地	一类用地	2
绿地与广场用地	一类用地	2
公园与绿地	一类用地	2
居住用地	一类用地	2
教育用地	一类用地	2
商业用地	一类用地	2
医疗卫生用地	一类用地	2
社会福利设施用地	一类用地	2
工业用地	二类用地	4
物流仓储用地	二类用地	4
商服用地	二类用地	4
道路与交通设施用地	二类用地	4
公用设施用地	二类用地	4
公共管理与公共服务用地	二类用地	4
社区公园或儿童公园用地除外的绿地与广场用地	二类用地	4

场地是否位于工业园区赋分："是"赋 1 分，"否"赋 0 分。

人群进入场地可能性赋分："可能"赋分为 1，"不可能"赋分为 0。

场地周边 500m 范围内人口赋分：场地周边 500m 内人口总数 ≥500 人赋

5 分；500m 内人口总数<500 人赋 0 分。

地块距离最近饮用水源赋分：周围最近水源距离场地≥500m 赋 0 分，<500m 赋 5 分。

2）数值型指标

根据赋分规则，对干湿指数、城市等级、土壤污染物超标倍数、地下水污染物超标倍数等 4 个数值型指标进行赋分。

干湿指数赋分：根据干湿指数划的三个区间进行赋分，赋分规则见表9-5。

表 9-5　干湿指数赋分规则

干湿指数	赋分
≥1	6
0.5～1	3
≤0.5	2

城市等级赋分：根据人口经济的影响，A 等级城市赋 6 分，B、C 等级赋 4 分，D、E、F 等级城市赋 1 分，赋分规则见表9-6。

表 9-6　城市等级赋分规则

城市等级	赋分
A	6
B、C	4
D、E、F	1

土壤污染物超标倍数赋分：针对《土壤环境质量 建设用地土壤污染风险管控标准（试行）》（GB 36600—2018）中 85 项污染物，根据土壤污染物超标倍数差异进行赋分，赋分规则见表9-7。

表 9-7　土壤污染物超标倍数赋分规则

土壤污染物超标倍数	赋分
$E_s \geq 100$	40
$50 \leq E_s < 100$	20
$10 \leq E_s < 50$	10
$0 \leq E_s < 10$	3

地下水污染物超标倍数赋分：针对《地下水质量标准》（GB/T 14848—2017）中 93 项污染物，根据地下水中检出污染物超标倍数差异进行赋分，赋分规则见表9-8。

表9-8　地下水污染物超标倍数赋分规则

地下水污染物超标倍数	赋分
$E_{gw} \geqslant 100$	40
$50 \leqslant E_{gw} < 100$	20
$10 \leqslant E_{gw} < 50$	10
$0 \leqslant E_{gw} < 10$	3

依据《关闭搬迁企业地块风险筛查与风险分级技术规定（试行）》（环办土壤〔2017〕67 号），根据前述内容，总结出污染场地风险分类指标赋分（表9-9）。

表9-9　污染场地风险分类指标赋分

一级指标	二级指标	三级指标	指标赋分
场地概况	所属行业	金属制品业	8
		化学原料和化学制品制造业	6
		有色金属冶炼和压延加工业	4
		黑色金属冶炼和压延加工业	3
		石油和天然气开采业	2
		其他行业	1
	场地现状	在产	1
		关闭	0
	土地利用规划	一类用地	2
		二类用地	4
	场地是否位于工业园区	是	1
		否	0
	城市等级	A	6
		B、C	4
		D、E、F	1

续表

一级指标	二级指标	三级指标	指标赋分
污染源	土壤污染物超标倍数	Es≥100	40
		50≤Es<100	20
		10≤Es<50	10
		0≤Es<10	3
	地下水污染物超标倍数	Egw≥100	40
		50≤Egw<100	20
		10≤Egw<50	10
		0≤Egw<10	3
迁移途径	干湿指数	≥1	6
		0.5~1	3
		≤0.5	2
敏感受体	人群进入场地可能性	可能	1
		不可能	0
	场地周边500m范围内人口	≥500人	5
		<500人	0
	地块距离最近饮用水源	≥500m	0
		<500m	5

3. 一致性检验

根据风险分类赋分表（表9-9）中各个指标信息的重要程度，构建风险分类指标赋分一致性检验矩阵（图9-7）。由图9-7可知，确定 I_C 为 11.45，I_R 为

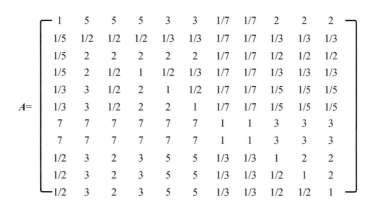

图9-7 风险分类指标赋分一致性检验矩阵

1.51，R_C为 0.03<0.10，风险分类指标赋分可接受（王兵等，2019；张国印，2019）。在此基础上，计算求得各个案例的风险分类总分值（表9-10）。

表9-10　案例风险分类得分

案例编号	所属行业	场地现状	土地利用规划	场地是否位于工业园区	干湿指数	城市等级	土壤污染物超标倍数	地下水污染物超标倍数	人群进入场地可能性	场地周边500m范围内人口	地块距离最近饮用水源	案例总分值
1	6	0	2	1	2	6	3	3	5	5	3	36
2	6	0	2	0	3	1	3	3	5	5	3	31
3	6	0	2	1	2	6	3	3	5	5	3	36
4	1	0	2	0	6	4	3	3	5	5	0	29
5	6	0	4	0	3	4	3	3	0	0	0	23
6	8	0	2	0	2	4	3	3	5	5	0	32
7	1	1	2	1	6	4	3	3	5	5	0	31
8	6	0	4	1	3	1	3	3	5	5	0	31
9	6	0	2	0	3	1	3	3	5	5	3	31
10	8	0	2	0	6	3	3	3	5	5	3	41
⋮	⋮	⋮	⋮	⋮	⋮	⋮	⋮	⋮	⋮	⋮	⋮	⋮
115	8	0	2	1	3	4	40	10	5	5	3	81
116	2	0	4	0	3	4	10	10	5	5	3	46
117	8	0	2	0	3	4	10	10	5	5	3	50
118	8	0	2	0	3	4	10	10	5	5	3	50
119	8	0	4	1	3	4	20	10	5	5	3	63
120	8	0	2	0	3	4	10	10	5	5	3	50

9.2.3　风险分级指标体系及指标赋分

1. 指标体系

参考《关闭搬迁企业地块风险筛查与风险分级技术规定（试行）》（环办土壤〔2017〕67号），分别构建风险分级土壤指标体系和地下水指标体系（图9-8和图9-9）。

所属行业、场地是否位于工业园区、干湿指数、土地利用规划、所属城

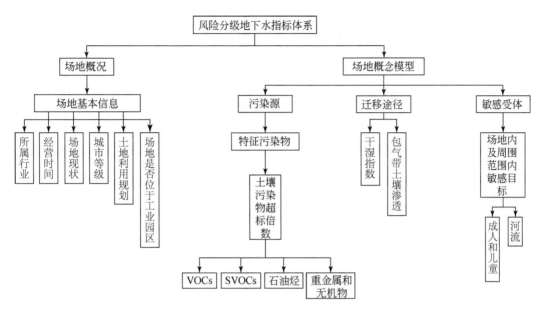

图 9-8 风险分级土壤指标体系

VOCs：挥发性有机物；SVOCs：半挥发性有机物

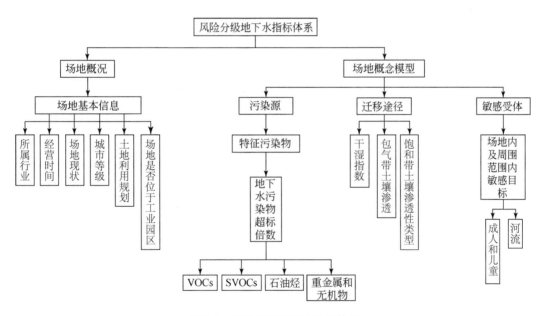

图 9-9 风险分级地下水指标体系

VOCs：挥发性有机物；SVOCs：半挥发性有机物

市、场地现状、土壤污染物超标倍数、地下水污染物超标倍数的含义同9.2.2节。

经营时间：指在该场地上从事所有可能导致土壤和地下水污染的生产活动

和运营活动总时间。

包气带土壤渗透性：参考《岩土工程勘察规范》（GB 50021—2001），主要关注碎石土、砂土、粉土、黏性土。

（1）碎石土：粒径大于2mm的颗粒质量超过总质量的50%。

（2）砂土：粒径大于2mm的颗粒质量不超过总质量的50%，粒径大于0.075mm的颗粒质量超过总质量的50%。

（3）粉土：粒径大于0.075mm的颗粒质量不超过总质量的50%，且塑性指数等于或小于10。

（4）黏性土：塑性指数大于10。

饱和带土壤渗透性：参考《岩土工程勘察规范》（GB 50021—2001），主要关注砾砂、粗砂、中砂、细砂、粉砂。当饱和带存在多个土层时，按渗透系数最大的土层计。

（1）砾砂：粒径大于2mm的颗粒质量占总质量25%~50%。

（2）粗砂：粒径大于0.5mm的颗粒质量超过总质量的50%。

（3）中砂：粒径大于0.25mm的颗粒质量超过总质量的50%。

（4）细砂：粒径大于0.075mm的颗粒质量超过总质量的85%。

（5）粉砂：粒径大于0.075mm的颗粒质量超过总质量的50%。

场地内及周围范围内敏感目标：指地块内及周边距离最近的敏感目标。

2. 赋分规则

场地经营时间赋分：根据场地企业实际经营时间进行赋分，赋分规则见表9-11。

表9-11　场地经营时间赋分规则

经营时间	赋分
$t \geqslant 25$ 年	8
10 年 $<t<25$ 年	5
$t \leqslant 10$ 年	3

包气带土壤渗透性赋分：结合场地包气带实际情况，确定包气带土壤渗透性赋分规则，见表9-12。

表 9-12 包气带土壤渗透性赋分规则

包气带土壤渗透性	赋分
砂土及碎石土	6
粉土	1
黏性土	2

饱和带土壤渗透性赋分：结合场地饱和带土壤实际情况，确定饱和带土壤渗透性类型赋分规则，见表 9-13。

表 9-13 饱和带土壤渗透性赋分规则

饱和带土壤渗透性类型	赋分
砾砂及以上土质	6
粗砂、中砂及细砂	4
粉砂及以下土质	2

结合指标规则及专家咨询，分别确定污染场地风险分级土壤指标赋分（表 9-14）和地下水指标赋分（表 9-15）。

表 9-14 风险分级土壤指标赋分

一级指标	二级指标	三级指标	指标赋分
场地基本信息	所属行业	金属制品业	8
		化学原料和化学制品制造业	6
		有色金属冶炼和压延加工业	4
		黑色金属冶炼和压延加工业	3
		石油和天然气开采业	2
		其他行业	1
	经营时间	$t \geqslant 25$ 年	8
		10 年 $< t < 25$ 年	5
		$t \leqslant 10$ 年	3
	场地是否位于工业园区	是	4
		否	2
	土地利用规划	一类用地	4
		二类用地	2

一级指标	二级指标	三级指标	指标赋分
场地基本信息	所属城市	A	6
		B、C	4
		D、E、F	1
污染源	土壤污染物超标倍数	Es≥100	40
		50≤Es<100	20
		10≤Es<50	10
		0≤Es<10	3
迁移途径	干湿指数	≥1	6
		0.5~1	3
		≤0.5	2
	包气带土壤渗透性	砂土及碎石土	6
		粉土	1
		黏性土	2
敏感受体	场地内及周围范围内敏感目标	成人和儿童	8
		河流	6
		无	0

表 9-15 风险分级地下水指标赋分

一级指标	二级指标	三级指标	指标赋分
场地基本信息	所属行业	金属制品业	8
		化学原料和化学制品制造业	6
		有色金属冶炼和压延加工业	4
		黑色金属冶炼和压延加工业	3
		石油和天然气开采业	2
		其他行业	1
	经营时间	$t \geq 25$ 年	8
		10 年$< t <25$ 年	5
		$t \leq 10$ 年	3
	场地是否位于工业园区	是	4
		否	2
	土地利用规划	一类用地	4
		二类用地	2
	所属城市	A	6
		B、C	4
		D、E、F	1

续表

一级指标	二级指标	三级指标	指标赋分
污染源	地下水污染物超标倍数	Egw≥100	40
		50≤Egw<100	20
		10≤Egw<50	10
		0≤Egw<10	3
迁移途径	干湿指数	≥1	6
		0.5~1	3
		≤0.5	2
	包气带土壤渗透性	砂土及碎石土	6
		粉土	1
		黏性土	2
	饱和带土壤渗透性类型	砾砂及以上土质	6
		粗砂、中砂及细砂	4
		粉砂及以下土质	2
敏感受体	场地内及周围范围内敏感目标	成人和儿童	8
		河流	6
		无	0

3. 一致性检验

根据上述土壤和地下水特征指标信息的重要程度分值，分别构建土壤指标重要性判断矩阵（图9-10）和地下水指标重要性判断矩阵（图9-11）。

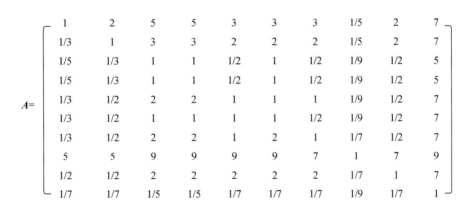

图9-10　场地污染风险分级土壤指标重要性判断矩阵

$$A=\begin{bmatrix}
1 & 2 & 5 & 5 & 3 & 3 & 3 & 2 & 1/5 & 2 & 7 \\
1/3 & 1 & 3 & 3 & 2 & 2 & 2 & 2 & 1/5 & 2 & 7 \\
1/5 & 1/3 & 1 & 1 & 1/2 & 1 & 1/2 & 1/2 & 1/9 & 1/2 & 5 \\
1/5 & 1/3 & 1 & 1 & 1/2 & 1 & 1/2 & 1/2 & 1/9 & 1/2 & 5 \\
1/3 & 1/2 & 2 & 2 & 1 & 1 & 1 & 1/2 & 1/9 & 1/2 & 7 \\
1/3 & 1/2 & 1 & 1 & 1 & 1 & 1 & 1/2 & 1/9 & 1/2 & 7 \\
1/3 & 1/2 & 2 & 2 & 1 & 2 & 1 & 1/2 & 1/7 & 1/2 & 7 \\
1/2 & 1/2 & 2 & 2 & 2 & 2 & 2 & 1 & 1/7 & 1 & 7 \\
5 & 5 & 9 & 9 & 9 & 9 & 7 & 7 & 1 & 7 & 9 \\
1/2 & 1/2 & 2 & 2 & 2 & 2 & 2 & 1 & 1/7 & 1 & 7 \\
1/7 & 1/7 & 1/5 & 1/5 & 1/7 & 1/7 & 1/7 & 1/7 & 1/9 & 1/7 & 1
\end{bmatrix}$$

图 9-11　场地污染风险分级地下水指标重要性判断矩阵

由图 9-10 可知，确定土壤指标重要性判断矩阵的 I_C 为 11.53，I_R 为 1.51，R_C 为 0.04<0.10，表明各个指标赋分可接受。由图 9-11 可知，确定地下水指标重要性判断矩阵的 I_C 为 11.5610，I_R 为 1.51，R_C 为 0.0372<0.10，表明各个指标赋分可接受。在此基础上，计算求得各个有风险案例的风险分级总分值（表 9-16）。

表 9-16　案例的风险分级得分（示例）

案例编号	所属行业	经营时间	土地利用规划	场地是否位于工业园区	所属城市	包气带土壤渗透性	饱和带土壤渗透性类型	地下水污染物超标倍数	场地内及周围范围内敏感目标	人群进入地块的可能性	地下水指标得分	土壤指标得分	风险分级总分值
1	6	5	4	2	6	6	4	40	8	5	83	84	81.02
2	6	5	4	2	6	6	4	40	8	5	85	56	70.09
3	6	8	4	2	6	6	4	40	8	5	86	62	71.06
4	6	8	4	2	6	1	4	40	8	1	80	56	65.25
5	6	5	4	2	6	1	2	40	8	1	76	54	62.10
6	6	5	2	4	1	6	4	10	8	1	51	48	49.04
7	6	8	2	4	1	6	4	10	8	5	55	52	53.04
8	6	8	2	4	1	6	4	10	6	1	49	46	47.04
9	6	8	2	4	1	6	4	10	8	5	55	52	53.04
10	6	8	8	2	1	6	4	10	8	1	46	51	44.05
11	6	8	8	2	4	6	4	10	8	5	52	57	50.04
12	6	8	8	2	4	1	6	10	8	5	51	59	48.09
⋮	⋮	⋮	⋮	⋮	⋮	⋮	⋮	⋮	⋮	⋮	⋮	⋮	⋮

案例编号	所属行业	经营时间	土地利用规划	场地是否位于工业园区	所属城市	包气带土壤渗透性	饱和带土壤渗透性类型	地下水污染物超标倍数	场地内及周围范围内敏感目标	人群进入地块的可能性	地下水指标得分	土壤指标得分	风险分级总分值
61	2	5	2	2	4	2	4	10	8	5	47	43	45.04
62	8	5	8	2	4	2	4	10	8	1	52	48	50.04
63	8	5	8	4	4	2	4	10	8	1	52	48	50.04
64	8	8	8	2	4	6	2	10	8	1	53	61	57.14
65	8	5	8	2	4	2	4	10	8	1	46	42	44.05

9.2.4 机器学习算法构建与优化

1. BPNN 参数优化

参数优化对预测性能具有较大影响，其中最主要的参数是训练函数、学习率和神经元个数。本书中训练函数对 BPNN 预测准确性的影响见图 9-12。

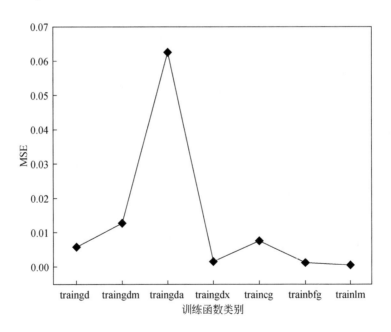

图 9-12 训练函数对 BPNN 预测准确性的影响

BPNN：反向传播神经网络；MSE：均方误差

由图 9-12 可知，traingda 具有最大的 MSE（0.0626），其他训练函数下的 MSE 均不超过 0.0123，其中 trainlm 具有最小的 MSE（0.0004），且不存在最大错误次数的影响。因此，对比分析不同的训练函数，选取 trainlm 为 BPNN 的训练函数。

学习率过低会导致网络的收敛性很差；学习率过高，则会导致网络无法收敛，在最佳状态下徘徊。本书中学习率对 BPNN 预测准确性的影响见图 9-13。

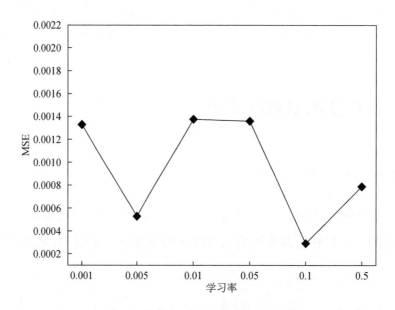

图 9-13 学习率对 BPNN 预测准确性的影响

BPNN：反向传播神经网络；MSE：均方误差

由图 9-13 可知，学习率不同导致 MSE 存在明显差异。当学习率为 0.001、0.01 和 0.05 时，三种情况下的 MSE 相差不大且均偏高，分别为 0.0013、0.0014 和 0.0014；当学习率为 0.1 时，MSE 最小（0.0003）。因此，对比分析不同的学习率，选取 0.1 作为 BPNN 的学习率。

隐藏层的神经元数目过小，会使得网络不能"记住"学习样本，迭代过程难以收敛；隐藏层的神经元数量过多，尽管网络可"记住"全部的学习样本，但是它的扩展功能却很弱。本书中神经元个数对 BPNN 预测准确性的影响见图 9-14。

由图 9-14 可知，隐藏层神经元个数的不同导致 MSE 存在显著差异。当隐藏层神经元个数为 3 时，MSE 最大（0.0020）；神经元个数为 11 时，MSE 为

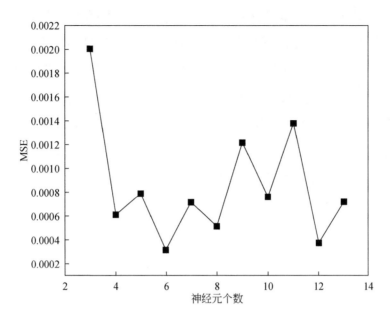

图 9-14　神经元个数对 BPNN 预测准确性的影响

BPNN：反向传播神经网络；MSE：均方误差

0.0014；其他神经元个数下的 MSE 均不超过 0.0013，其中当神经元为 6 时，MSE 最小（0.0003）。因此，对比分析不同的神经元个数，选取 6 作为 BPNN 的隐藏层神经元个数。

综上所述，通过调整参数，选取 trainlm 为训练函数，隐藏层神经元个数为 6、学习率为 0.1 作为 BPNN 的最佳参数。此时模型拟合效果最好，收敛速度快。

2. SVM 参数优化

内积函数是影响 SVM 的重要因素，使用不同的内积函数（核函数）会产生不同的算法。在 SVM 进行训练时，当预测精度达到一定要求后，为避免训练过程中出现过度拟合，应尽量提高算法的概化性。所以，在训练时，须经常调整 gamma 和 C 两个参数且经常进行交叉确认，以找到合适的 gamma 值和 C 值。

C 为惩罚系数，即放松变量的系数，将其引入惩罚因素 C，以提高算法的普及性。该算法在最优函数中，主要考虑错误分类率与支持矢量的关系，并将其视为调整最优方向上的两个指标（区间尺寸、分类精度）的权重，也就是对错误的容忍程度。当 C 值较小时，表示对错误分类的惩罚程度较轻，从而减少算法的复杂性，使分类错误增加，从而导致"欠学习"；相反，当 C 值较大时，尽管减少分类错误，但是却增加了算法的复杂性，这就是"过学习"现象。gamma 是指在选定径向基函数后所具有的一个参数，决定数据的分配。gamma 值越大，映射的维数越高，训练效果越好，但较易造成过度拟合，也就是泛化性能越差；gamma 值越小，其训练结果的精确性和拟合性就越差。本书中 SVM 不同参数影响的 MSE 对比情况见表9-17。

表 9-17　SVM 不同参数影响的 MSE 对比

算法	内积函数	参数	MSE
算法 1	radial	$C=5$，gamma $=0.1$	0.000967
算法 2	linear	$C=1$，gamma $=0.8$	0.000733
算法 3	polynomial	$C=0$，gamma $=1$	0.000821

注：SVM：支持向量机；MSE：均方误差。

由表 9-17 可知，算法 2 与其他算法相比，具有最小的 MSE（0.000733）。因此，选择内积函数为 linear、C 为 1、gamma 为 0.8 作为 SVM 的最佳参数。

9.2.5　风险诊断智能预测模型构建

1. 风险分类模型筛选

基于 BPNN 和 SVM 的风险分类预测性能见表9-18，相应的风险分类预测结果分别见图9-15 和图9-16。

表 9-18　基于 BPNN 和 SVM 的风险分类预测性能对比

评价指标	BPNN	SVM
R^2	0.9974	0.9103
MRE	0.12%	49.1%
RMSE	0.0376	13.7232

注：BPNN：反向传播神经网络；SVM：支持向量机；R^2：相关系数；MRE：平均相对误差；RMSE：均方根误差。

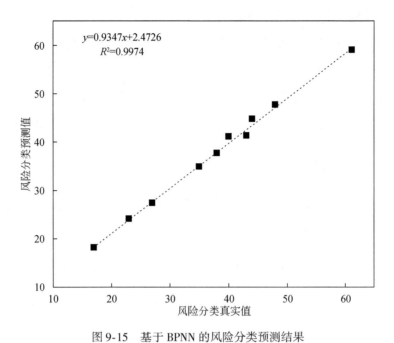

图 9-15　基于 BPNN 的风险分类预测结果

虚线表示 1 : 1 线；BPNN：反向传播神经网络；R^2：相关系数

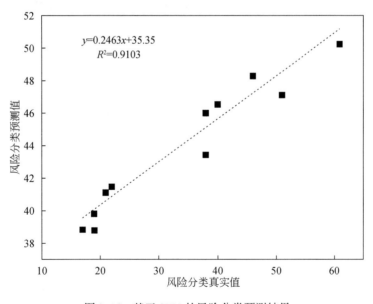

图 9-16　基于 SVM 的风险分类预测结果

虚线表示 1 : 1 线；SVM：支持向量机；R^2：相关系数

由表 9-18 可知，在风险分类时，BPNN 的 R^2 为 0.9974，MRE 为 0.12%，RMSE 为 0.0376，拟合效果较好；SVM 的 R^2 为 0.9103，MRE 为 49.1%，

RMSE 为 13.7232，拟合效果较差。

由图 9-15 和图 9-16 可知，BPNN 的风险分类预测结果大多在 1∶1 线附近，拟合效果较好；SVM 的风险分类预测结果大多距离 1∶1 线较远且分布在其两侧，拟合效果相对较差。总体来看，BPNN 优于 SVM（表 9-18、图 9-15 和图 9-16）。因此，在风险分类时，选择 BPNN 进行风险分类预测。

2. 风险分级模型筛选

基于 BPNN 和 SVM 的风险分级预测性能见表 9-19，相应的风险分级预测结果分别见图 9-17 和图 9-18。

表 9-19　基于 BPNN 和 SVM 的风险分级预测性能对比

评价指标	BPNN	SVM
R^2	0.9700	0.9970
MRE	0.05%	0.5%
RMSE	0.0358	0.4341

注：BPNN：反向传播神经网络；SVM：支持向量机；R^2：相关系数；MRE：平均相对误差；RMSE：均方根误差。

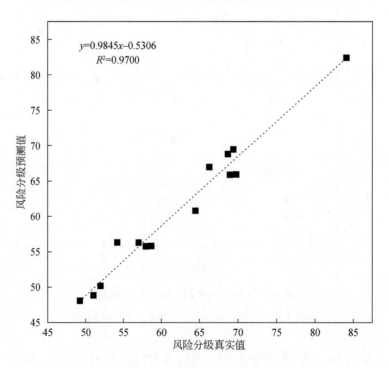

图 9-17　基于 BPNN 的风险分级预测结果

虚线表示 1∶1 线；BPNN：反向传播神经网络；R^2：相关系数

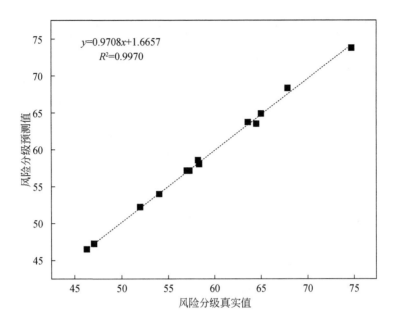

图 9-18　基于 SVM 的风险分级预测结果

虚线表示 1∶1 线；SVM：支持向量机；R^2：相关系数

由表 9-19 可知，在风险分级时，BPNN 的 R^2 为 0.9700、MRE 为 0.05%、RMSE 为 0.0358，SVM 的 R^2 为 0.9970、MRE 为 0.5%、RMSE 为 0.4341。显然，SVM 的 R^2 优于 BPNN 的 R^2。同时，SVM 的 MRE 和 RMSE 高于 BPNN 的 MRE 和 RMSE，但它们的误差值在允许范围内。

由图 9-17 和图 9-18 可知，BPNN 预测的风险分级结果大多分布在 1∶1 线两侧，拟合效果相对较差；SVM 预测的风险分级结果大多分布在 1∶1 线上，拟合效果较好。总体来看，SVM 优于 BPNN（表 9-19、图 9-17 和图 9-18）。因此，在风险分级时，选择 SVM 进行风险分级预测。

3. 风险诊断预测结果

基于 SVM 的案例风险分级结果见表 9-20。

表 9-20　基于 SVM 的案例风险分级结果

预测分数	风险等级	预测分数	风险等级	预测分数	风险等级
81.02	高	59.20	低	60.42	高
70.09	高	63.06	高	53.08	低

预测分数	风险等级	预测分数	风险等级	预测分数	风险等级
71.06	高	45.04	低	42.05	低
65.25	高	42.05	低	45.04	低
62.10	高	45.01	低	54.08	低
49.04	低	57.72	低	59.03	低
53.0	低	45.04	低	50.09	低
47.04	低	48.04	低	61.61	高
53.04	低	46.04	低	52.63	低
44.05	低	48.01	低	63.35	高
50.04	低	62.29	高	59.44	低
48.09	低	50.01	低	47.04	低
72.44	高	48.01	低	66.29	高
57.14	低	55.01	低	67.27	高
63.56	高	57.14	低	84.01	高
58.46	低	56.04	低	67.47	高
65.31	高	75.95	高	45.04	低
47.04	低	45.01	低	50.04	低
61.13	高	43.05	低	50.04	低
65.97	高	41.01	低	57.14	低
41.05	低	70.41	高	44.05	低
66.94	高	47.01	低		

由表 9-20 可知，65 个有风险案例中存在 22 个高风险案例。在 65 个有风险案例中，涉及 20 个金属制品业案例、7 个化学原料和化学制品制造业案例、3 个有色金属冶炼和压延加工业案例、2 个黑色金属冶炼和压延加工业案例。

9.3 小　结

（1）确定 trainlm 为训练函数、隐藏层神经元个数为 6、学习率为 0.1 作为 BPNN 的最佳参数，此时整个模型的性能最好，收敛速度快；确定核函数为 linear、C 为 1、gamma 为 0.8 作为 SVM 的最佳参数。

（2）确定风险分类指标体系的 I_C 为 11.45、I_R 为 1.51、R_C 为 0.03 < 0.10，风险分类指标赋分体系可接受；确定风险分级指标体系的 I_C 为 11.53、I_R 为

1.51、R_c 为 0.04<0.10，风险分级阶段指标赋分体系可接受。

（3）选择 BPNN 用于风险分类预测，相应的 $R^2 = 0.9974$、MRE = 0.12%、RMSE = 0.0376；选择 SVM 用于风险分级预测，相应的 $R^2 = 0.9970$、MRE = 0.5%、RMSE = 0.4341。

（4）建立基于 BPNN 和 SVM 的场地土壤和地下水污染风险诊断预测模型。该模型适用于通过初步采样调查掌握了土壤和地下水污染状况的场地，可不通过详细采样调查和第三阶段采样调查判断场地污染风险。

（5）确定 65 个有风险案例中存在 22 个高风险案例。在 65 个有风险案例中，涉及 20 个金属制品业案例、7 个化学原料和化学制品制造业案例、3 个有色金属冶炼和压延加工业案例、2 个黑色金属冶炼和压延加工业案例。

参 考 文 献

付琦. 2015. 一种新的 KOHONEN 神经网络结构优化方法. 制造业自动化，37（15）：143-145.

林楠，姜琦刚，陈永良，等. 2014. 基于核主成分支持向量机的火成岩 QAPF 分类——以青海格尔木地区为例. 地球学报，35（4）：487-494.

刘方园，王水花，张煜东. 2018. 支持向量机模型与应用综述. 计算机系统应用，27（4）：1-9.

牛志娟. 2016. 基于人工神经网络预测与分类的应用研究. 太原：中北大学.

王兵，谢红丽，任宏洋，等. 2019. 基于层次分析法的石油污染土壤修复植物评价. 安全与环境学报，19（3）：985-991.

张国印. 2019. 河网密集型城市黑臭水体仿生态修复技术研究. 北京：北京交通大学.

周永进. 2007. BP 网络的改进及其应用. 南京：南京信息工程大学.

Cortes C，Vapnik V. 1995. Support-vector networks. Machine Learning，20（3）：273-297.

Martin T H，Howard B D. 2002. 神经网络设计. 北京：机械工业出版社.

第 10 章 | 场地污染风险管控和修复方案推荐系统构建

针对地块尺度场地土壤和地下水污染风险管控和修复方案选择不合理、筛选效率低等问题，通过结构化层次存储和搜索技术，运用案例推理和机器学习，构建场地污染风险管控和修复方案推荐系统，实现快速搜索查找匹配源案例，可为决策者选取风险管控和修复方案提供参考；通过研究案例库实现途径和内容，进行风险管控和修复方案推荐系统的结构设计和系统开发，建立基于 Web 技术的案例检索查询页面；采用 K 最近邻和层次分析在案例库中检索相似案例，实现风险管控和修复方案推荐功能，可为场地污染治理修复提供参考。研究成果有利于提高我国场地污染风险管理精准化、智能化、高效化和低成本化水平。

10.1 材料与方法

10.1.1 数据基础

场地污染风险管控和修复方案案例（274 个），其中 104 个化学原料和化学制品制造业案例，54 个有色金属冶炼和压延加工业案例，48 个黑色金属冶炼和压延加工业案例，32 个金属制品业案例，25 个医药制造业案例，11 个石油、煤炭及其他燃料加工业案例。

10.1.2 系统需求

场地污染风险管控和修复方案推荐系统构建的目的是将已有历史风险管控和修复场地案例（源案例）组成案例库，总结分析案例库中源案例的各个属性信息,用于检索时能够快速地判定相似度最高的 3 个源案例,为新污染场地(目标案例)制定风险管控和修复方案提供决策参考。场地污染风险管控与修复方案推荐系统需包含以下内容。

案例简介。出现在案例系统展示页面,除介绍案例名称外,还介绍 24 个属性信息,包括所属行业、场地现状、土地利用规划、干湿指数、城市等级、土壤特征污染物、地下水特征污染物、包气带的影响、潜水含水层的影响、场地周边 1km 范围内地表水(信息输入页面为敏感目标:地表水)、场地周边 1km 范围内人群(信息输入页面为敏感目标:人群)、残余风险、长期效果、健康影响、管理和公众可接受程度、基本建设费用投资度、后期费用投资度、运行维护成本投资度等。

数据管理。进行新案例的输入、已有案例的编辑和各页面信息的维护。基础功能包含案例信息的增加、删除、修改、保存以及数据的导入和导出。

检索查询。依据源案例的主要信息进行单项或多项混合查询,输出匹配的查询结果;在目标案例信息输入页面选择输入 24 个属性信息,包括案例名称、所属行业、场地现状、土地利用规划、干湿指数、城市等级、土壤特征污染物、地下水特征污染物、包气带的影响、潜水含水层的影响、场地周边 1km 范围内地表水、场地周边 1km 范围内人群、残余风险、长期效果、健康影响、管理和公众可接受程度、基本建设费用投资度、后期费用投资度和运行维护成本投资度等。填写完毕后出现确认信息一览图,经确认后单击上传各个属性信息,生成风险管控和修复方案推荐结果。

结果展示页面。在方案推荐页面,可浏览相似度最高的 3 个源案例,主要显示源案例的基本情况、污染迁移途径、敏感受体、风险管控和修复方案以及案例匹配相似度结果。

系统设置。用于系统用户登录与权限的管理、个人信息维护等。

10.1.3 推荐流程

场地污染风险管控和修复方案推荐流程为:第一步,对于目标案例经过综合分析生成待解决的问题,进而生成案例属性;第二步,遍历案例库,计算目标案例与源案例之间的相似度;第三步,推荐相似度最高的 3 个源案例供决策者参考；第四步，将相似度最高的源案例的风险管控和修复方案写入目标案例中，存放于案例库中间表中，待日后目标案例的其他相关信息补充完全后，进一步考虑是否将其加入案例库中。

10.1.4　总体架构

场地污染风险管控和修复方案推荐系统支持采用浏览器/服务器（B/S）结构模式（图 10-1）。浏览器由 Internet 访问 Web 服务器，Web 服务器向数据库服务器递交数据请求，经过后台运算后将返回的运行结果推送到浏览器上。该系统无操作环境限制，可在 Windows/Linux 环境下运行，以本地浏览器模式运行，平台推荐的网络浏览器为 Google Chrome，运行本平台的客户端需下载

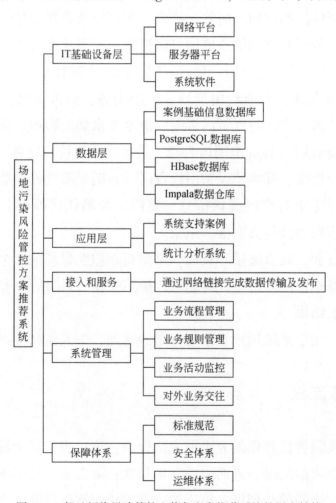

图 10-1　场地污染风险管控和修复方案推荐系统的层次结构

安装帆软商业智能工具。该架构受到网络线路的限制，其无须固定的客户端，可方便快速地更新信息，实现信息转换和自动化计算。该系统由六部分组成，包括 IT 基础设备层、数据层、应用层、接入和服务、系统管理和保障体系。

10.1.5 数据库设计

根据数据需求分析，场地污染风险管控和修复方案推荐系统包括基础信息数据库、PostgreSQL 数据库、HBase 数据库和 Impala 数据仓库。其中，基础信息数据库主要用于对源案例的搜索、查询、增加、删减和修改，是整个系统的基础数据库。通过对源案例信息的分析，可以获得统计性的结论和规律。为此，源案例中信息的储存方式显得极其重要。本书中源案例记录的信息主要通过数据和描述性语言进行储存（表 10-1）。

表 10-1　案例库信息

序号	字段名称	中文名称	数据类型	描述	长度	是否为空	是否主键	是否外键
1	id	序号	int		8	1	1	0
2	name	场地名称	varchar		200	1	0	0
3	type	所属行业	varchar		200	1	0	0
4	status	场地现状	varchar		20	1	0	0
5	plain	土地利用规划	varchar		50	1	0	0
6	wet_ dry	干湿指数	int		8	1	0	0
7	ground_ water	敏感目标：地表水	varchar		20	1	0	0
8	has_ people	敏感目标：人群	varchar		20	1	0	0
9	area	城市等级	int	唯一标识	8	1	0	0
10	s_ VOCs	土壤 VOCs	text		/	0	0	0
11	s_ SVOCs	土壤 SVOCs	text		/	0	0	0
12	s_ metal	土壤重金属和无机物	text		/	0	0	0
13	s_ TPH	土壤石油烃	text		/	0	0	0
14	underwater_ VOCs	地下水 VOCs	text		/	0	0	0
15	underwater_ SVOCs	地下水 SVOCs	text		/	0	0	0
16	underwater_ metal	地下水重金属和无机物	text		/	0	0	0
17	underwater_ TPH	地下水石油烃	text		/	0	0	0
18	bqd	包气带的影响	varchar		20	1	0	0

序号	字段名称	中文名称	数据类型	描述	长度	是否为空	是否主键	是否外键
19	qshsc	潜水含水层的影响	varchar		20	1	0	0
20	cyfs	残余风险	int		8	1	0	0
21	cqxg	长期效果	int		8	1	0	0
22	jkyx	健康影响	int		8	1	0	0
23	glkjscd	管理可接受程度和公众可接受程度	int	唯一标识	8	1	0	0
24	jbjsfy	基本建设费用投资度	int		8	1	0	0
25	hqfy	后期费用投资度	int		8	1	0	0
26	wycb	运行维护成本投资度	int		8	1	0	0
27	gkfa	风险管控和修复方案	text		/	1	0	0

注：VOCs为挥发性有机物；SVOCs为半挥发性有机物。

10.2　结果与讨论

10.2.1　案例表现方法

　　案例表现涉及源案例的大数据信息查询和案例信息的描述。该模块中每个案例的信息包括场地概况、污染源、污染物迁移途径、敏感受体、风险管控和修复技术、风险管控和修复方案、实施效果等方面的 225 个信息项（图 10-2）。

图 10-2　风险管控和修复方案源案例详情展示页面

同时，该模块具有新案例信息导入功能。

在案例的信息描述中对源案例进行编码，确保检索系统能够高效、精准、快速地进行检索（表10-2）。该模块具有目标案例的输入，源案例的编辑、添加、删除及导入与导出功能。

表 10-2　源案例主要信息表界面

项目	具体信息	项目	具体信息
场地名称		地下水 SVOCs	
所属行业		地下水重金属和无机物	
场地现状		地下水石油烃	
土地利用规划		包气带渗透系数最大岩性	
干湿指数		含水层最主要岩性	
敏感目标：地表水		残余风险	
敏感目标：人群		长期效果	
城市等级		健康影响	
土壤 VOCs		管理可接受程度和公众可接受程度	
土壤 SVOCs		基本建设费用投资度	
土壤重金属和无机物		后期费用投资度	
土壤石油烃		运维成本投资度	
地下水 VOCs		风险管控和修复方案	

注：VOCs 为挥发性有机物；SVOCs 为半挥发性有机物。

10.2.2　案例检索

案例推理的核心是案例的检索系统。案例检索功能分为两种：①通过对案例的主要信息（如企业名称、所在地区和行业分类）进行单项或多项混合查询，输出匹配的查询结果；②采用 24 个属性进行相似度计算，得出与目标案例相似度高的 3 个源案例及相应的场地污染风险和修复方案。

在目标案例的信息输入时，输入 24 个属性信息（图10-3），单击"保存"，出现信息确认页面（图10-4），确认无误后，单击"上传"，呈现场地污染风险管控和修复方案推荐结果（图10-5）。

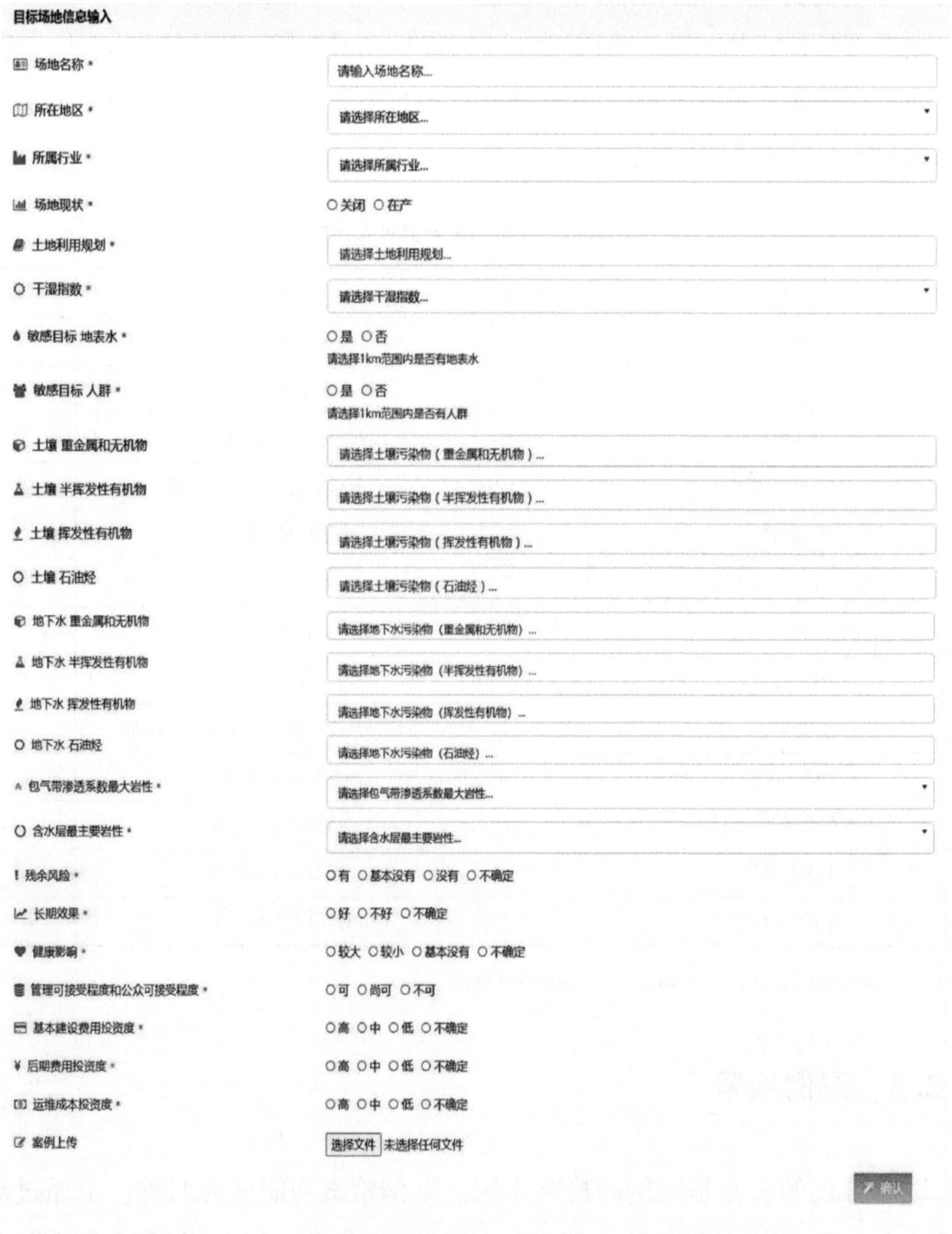

目标场地信息输入

图标	字段	输入
🔖	场地名称 *	请输入场地名称...
🗺	所在地区 *	请选择所在地区... ▾
📊	所属行业 *	请选择所属行业... ▾
📈	场地现状 *	○ 关闭 ○ 在产
📄	土地利用规划 *	请选择土地利用规划...
○	干湿指数 *	请选择干湿指数... ▾
💧	敏感目标 地表水 *	○ 是 ○ 否 请选择1km范围内是否有地表水
👥	敏感目标 人群 *	○ 是 ○ 否 请选择1km范围内是否有人群
🌐	土壤 重金属和无机物	请选择土壤污染物（重金属和无机物）...
△	土壤 半挥发性有机物	请选择土壤污染物（半挥发性有机物）...
🖊	土壤 挥发性有机物	请选择土壤污染物（挥发性有机物）...
○	土壤 石油烃	请选择土壤污染物（石油烃）...
🌐	地下水 重金属和无机物	请选择地下水污染物（重金属和无机物）...
△	地下水 半挥发性有机物	请选择地下水污染物（半挥发性有机物）...
🖊	地下水 挥发性有机物	请选择地下水污染物（挥发性有机物）...
○	地下水 石油烃	请选择地下水污染物（石油烃）...
∧	包气带渗透系数最大岩性 *	请选择包气带渗透系数最大岩性... ▾
○	含水层最主要岩性 *	请选择含水层最主要岩性... ▾
!	残余风险 *	○ 有 ○ 基本没有 ○ 没有 ○ 不确定
📈	长期效果 *	○ 好 ○ 不好 ○ 不确定
♥	健康影响 *	○ 较大 ○ 较小 ○ 基本没有 ○ 不确定
📋	管理可接受程度和公众可接受程度 *	○ 可 ○ 尚可 ○ 不可
📑	基本建设费用投资度 *	○ 高 ○ 中 ○ 低 ○ 不确定
¥	后期费用投资度 *	○ 高 ○ 中 ○ 低 ○ 不确定
🔲	运维成本投资度 *	○ 高 ○ 中 ○ 低 ○ 不确定
☑	案例上传	选择文件 未选择任何文件

🖊 确认

图 10-3　场地污染风险管控和修复方案推荐系统目标案例信息输入页面

在进行相似度检索时，采用基于欧氏距离的 K 最近邻计算源案例与目标案例之间的相似度［式（10-1）］，实现从案例库中检索出与目标案例相似度最高的 3 个源案例及相应的场地污染风险和修复方案。

图 10-4　目标案例输入信息确认页面

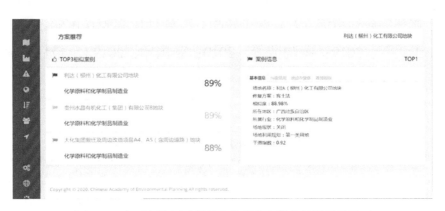

图 10-5　场地污染风险管控和修复方案推荐结果展示页面

$$\mathrm{sim}(s,t) = 1 - \sqrt{\sum_{i=1}^{m} \left(w_i \times D_i(s,t) \right)^2} \tag{10-1}$$

式中，i 为检索属性编号；m 为检索属性的总个数；w_i 为编号 i 属性的权重；$D_i(s,t)$ 为源案例与目标案例在编号 i 属性维度上归一化处理后的距离。检索属性的数据类型分为逻辑型和数值型。根据式（10-2）计算逻辑型的 $D_i(s,t)$，根据式（10-3）计算数值型的 $D_i(s,t)$。

逻辑型：

$$D_i(s,t) = \begin{cases} 0, & P_{si} = P_{ti} \\ 1, & P_{si} \neq P_{ti} \end{cases} \tag{10-2}$$

数值型：

$$D_i(s,t) = \frac{d_i(s,t)}{\text{Max}_i - \text{Min}_i} \tag{10-3}$$

$$d_i(s,t) = |P_{si} - P_{ti}| \tag{10-4}$$

式中，P_{si} 为源案例编号 i 的属性值，P_{ti} 为目标案例编号 i 的属性值；$d_i(s, t)$ 为源案例和目标案例在编号 i 属性维度上的距离；Max_i 为编号 i 的属性值在案例库中的最大值；Min_i 为编号 i 的属性值在案例库中的最小值。需要说明的是，对于逻辑型属性，两个案例的属性完全匹配得 0 分，不匹配得 1 分。

采用层次分析确定各个属性的权重。首先，根据各个属性对方案推荐的影响程度，确定各个属性的重要性等级（表 10-3），进而建立属性的层次模型。其次，构建判断矩阵（图 10-6），生成属性的最大特征值（26.23673）和其对应的特征向量。再次，进行判断矩阵的一致性检验，确定一致性指标（I_C）为 0.09725、随机一致性指标（I_R）为 1.6651、一致性比率为 0.0589<0.1，一致性可接受（王兵等，2019；藏晓芳等，2019；张国印，2019）。最后，通过归一化处理得到属性的权重（表 10-4）（Saaty, 2013；Wang et al., 2020；Wang et al., 2019）。

表 10-3　各个属性的重要程度层次分值

类别	属性	分值	类别	属性	分值
第一类 （最重要）	土壤重金属和无机物	7	第二类 （中等重要）	残余风险	5
	土壤 VOCs	7		健康影响	5
	土壤 SVOCs	7	第三类 （重要）	长期效果	3
	土壤石油烃	7		管理可接受程度和公众可接受程度	3
	地下水重金属和无机物	7		基本建设费用投资度	3
	地下水 VOCs	7		后期费用投资度	3
	地下水 SVOCs	7		运维成本投资度	3
	地下水石油烃	7		场地现状	3
	包气带的影响	7		土地利用规划	3
第二类 （中等重要）	潜水含水层的影响	5	第四类 （次重要）	所属行业	1
	敏感目标：地表水	5		干湿指数	1
	敏感目标：人群	5		城市等级	1

注：VOCs 为挥发性有机物；SVOCs 为半挥发性有机物。

$$A=\begin{bmatrix}
1 & 1/3 & 1/3 & 1 & 1/5 & 1/5 & 1 & 1/7 & 1/7 & 1/7 & 1/7 & 1/7 & 1/7 & 1/7 & 1/7 & 1/7 & 1/5 & 1/5 & 1/3 & 1/5 & 1/3 & 1/3 & 1/3 & 1/3 \\
3 & 1 & 1 & 3 & 1/3 & 1/3 & 1/3 & 1/5 & 1/5 & 1/5 & 1/5 & 1/5 & 1/5 & 1/5 & 1/5 & 1/5 & 1/3 & 1/3 & 1 & 1/3 & 1 & 1 & 1 & 1/3 \\
3 & 1 & 1 & 3 & 1/3 & 3 & 1/5 & 1/5 & 1/5 & 1/5 & 1/5 & 1/5 & 1/5 & 1/5 & 1/5 & 1/3 & 1 & 1/3 & 1 & 1 & 1 & 1 & 1 & 1 \\
1 & 1/3 & 3 & 1 & 1/5 & 1/5 & 1 & 1/7 & 1/7 & 1/7 & 1/7 & 1/7 & 1/7 & 1/7 & 1/7 & 1/5 & 1/5 & 1/5 & 1/3 & 1/5 & 1/3 & 1/3 & 1/3 & 1/3 \\
5 & 3 & 3 & 5 & 1 & 1 & 5 & 1/3 & 1/3 & 1/3 & 1/3 & 1/3 & 1/3 & 1/3 & 1/3 & 1 & 1 & 1 & 1 & 3 & 3 & 3 & 3 & 3 \\
5 & 3 & 3 & 5 & 1 & 1 & 5 & 1/3 & 1/3 & 1/3 & 1/3 & 1/3 & 1/3 & 1/3 & 1/3 & 1 & 1 & 1 & 3 & 1 & 3 & 3 & 3 & 3 \\
1 & 3 & 1/3 & 1 & 1/5 & 1/5 & 1 & 1/7 & 1/7 & 1/7 & 1/7 & 1/7 & 1/7 & 1/7 & 1/7 & 1/5 & 1/5 & 1/5 & 1/3 & 1/3 & 1/3 & 1/3 & 1/3 & 1/3 \\
7 & 5 & 5 & 7 & 3 & 3 & 7 & 1 & 1 & 1 & 1 & 1 & 1 & 1 & 1 & 1 & 3 & 3 & 5 & 3 & 5 & 5 & 5 & 5 \\
7 & 5 & 5 & 7 & 3 & 3 & 7 & 1 & 1 & 1 & 1 & 1 & 1 & 1 & 1 & 1 & 3 & 3 & 5 & 3 & 5 & 5 & 5 & 5 \\
7 & 5 & 5 & 7 & 3 & 3 & 7 & 1 & 1 & 1 & 1 & 1 & 1 & 1 & 1 & 1 & 3 & 3 & 5 & 3 & 5 & 5 & 5 & 5 \\
7 & 5 & 5 & 7 & 3 & 3 & 7 & 1 & 1 & 1 & 1 & 1 & 1 & 1 & 1 & 1 & 3 & 3 & 5 & 3 & 5 & 5 & 5 & 5 \\
7 & 5 & 5 & 7 & 3 & 3 & 7 & 1 & 1 & 1 & 1 & 1 & 1 & 1 & 1 & 1 & 3 & 3 & 5 & 3 & 5 & 5 & 5 & 5 \\
7 & 5 & 5 & 7 & 3 & 3 & 7 & 1 & 1 & 1 & 1 & 1 & 1 & 1 & 1 & 1 & 3 & 3 & 5 & 3 & 5 & 5 & 5 & 5 \\
7 & 5 & 5 & 7 & 3 & 3 & 7 & 1 & 1 & 1 & 1 & 1 & 1 & 1 & 1 & 1 & 3 & 3 & 5 & 3 & 5 & 5 & 5 & 5 \\
7 & 5 & 5 & 7 & 3 & 3 & 7 & 1 & 1 & 1 & 1 & 1 & 1 & 1 & 1 & 1 & 3 & 3 & 5 & 3 & 5 & 5 & 5 & 5 \\
5 & 3 & 3 & 5 & 1 & 1 & 5 & 1/3 & 1/3 & 1/3 & 1/3 & 1/3 & 1/3 & 1/3 & 1/3 & 1 & 1 & 1 & 1 & 3 & 3 & 3 & 3 & 3 \\
5 & 3 & 3 & 5 & 1 & 1 & 5 & 1/3 & 1/3 & 1/3 & 1/3 & 1/3 & 1/3 & 1/3 & 1/3 & 1 & 1 & 1 & 3 & 1 & 3 & 3 & 3 & 3 \\
3 & 1 & 1 & 3 & 1/3 & 1/3 & 3 & 1/5 & 1/5 & 1/5 & 1/5 & 1/5 & 1/5 & 1/5 & 1/5 & 1/3 & 1/3 & 1 & 1/3 & 1 & 1 & 1 & 1 & 1 \\
5 & 3 & 3 & 5 & 1 & 1 & 5 & 1/3 & 1/3 & 1/3 & 1/3 & 1/3 & 1/3 & 1/3 & 1/3 & 1 & 1 & 3 & 1 & 3 & 1/3 & 1/3 & 1/3 & 1/3 \\
3 & 1 & 1 & 3 & 1/3 & 1/3 & 3 & 1/5 & 1/5 & 1/5 & 1/5 & 1/5 & 1/5 & 1/5 & 1/5 & 1/3 & 1/3 & 1 & 1/3 & 1 & 1 & 1 & 1 & 1 \\
3 & 1 & 1 & 3 & 1/3 & 1/3 & 3 & 1/5 & 1/5 & 1/5 & 1/5 & 1/5 & 1/5 & 1/5 & 1/5 & 1/3 & 1/3 & 1 & 3 & 1 & 1 & 1 & 1 & 1 \\
3 & 1 & 1 & 3 & 1/3 & 1/3 & 3 & 1/5 & 1/5 & 1/5 & 1/5 & 1/5 & 1/5 & 1/5 & 1/5 & 1/3 & 1/3 & 1 & 3 & 1 & 1 & 1 & 1 & 1 \\
3 & 1 & 1 & 3 & 1/3 & 1/3 & 3 & 1/5 & 1/5 & 1/5 & 1/5 & 1/5 & 1/5 & 1/5 & 1/5 & 1/3 & 1/3 & 1 & 3 & 1 & 1 & 1 & 1 & 1 \\
3 & 1 & 1 & 3 & 1/3 & 1/3 & 3 & 1/5 & 1/5 & 1/5 & 1/5 & 1/5 & 1/5 & 1/5 & 1/5 & 1/3 & 1/3 & 1 & 3 & 1 & 1 & 1 & 1 & 1
\end{bmatrix}$$

图 10-6　判断矩阵

表 10-4　各个属性的权重

序号	属性	权重	序号	属性	权重
1	所属行业	0.00773	13	地下水 SVOCs	0.07615
2	场地现状	0.01396	14	地下水重金属和无机物	0.07615
3	土地利用规划	0.01555	15	地下水石油烃	0.07615
4	干湿指数	0.00931	16	包气带的影响	0.07615
5	敏感目标：地表水	0.03469	17	潜水含水层的影响	0.03469
6	敏感目标：人群	0.03469	18	残余风险	0.03469
7	城市等级	0.01563	19	长期效果	0.01555
8	土壤 VOCs	0.07615	20	健康影响	0.02610
9	土壤 SVOCs	0.07615	21	管理可接受程度和公众可接受程度	0.01820
10	土壤重金属和无机物	0.07615	22	基本建设费用投资度	0.01820
11	土壤石油烃	0.07615	23	后期费用投资度	0.01820
12	地下水 VOCs	0.07615	24	运维成本投资度	0.01820

10.2.3　案例推荐

在推荐结果展示页面（图 10-5），呈现相似度最高的 3 个源案例，每个源案例包括基本信息、污染情况、途径 & 受许（污染迁移途径和敏感受体）和其他属性，其中，基本情况又包括修复方案、相似度、所在地区、所属行业、场地现状等。单击左侧不同颜色的"旗帜"，可在不同源案例之间进行切换，深入了解该源案例的详细信息（图 10-5）。

10.3　小　　结

（1）通过基于结构化层次存储和搜索技术，运用案例推理和机器学习，构建形成场地污染风险管控和修复方案推荐系统。

（2）采用 K 最近邻和层次分析，计算目标案例与源案例之间的相似度，实现相似度最高的 3 个源案例及相应的场地污染风险和修复方案推荐。

参 考 文 献

藏晓芳，帕丽达·牙合甫，古丽·加帕尔，等 . 2019. 乌鲁木齐大气污染物变化特征及综合评价 . 四川环境，38（6）：95-102.

王兵，谢红丽，任宏洋，等 . 2019. 基于层次分析法的石油污染土壤修复植物评价 . 安全与环境学报，19（3）：985-991.

张国印 . 2019. 河网密集型城市黑臭水体仿生态修复技术研究 . 北京：北京交通大学 .

Saaty T L. 2013. The modern science of multicriteria decision making and its practical applications：The AHP/ANP approach. Operations Research，61（5）：1101-1118.

Wang B，Xie H，Ren H，et al. 2019. Application of AHP，TOPSIS，and TFNs to plant selection for phytoremediation of petroleum-contaminated soils in shale gas and oil fields. Journal of Cleaner Production，233：13-22.

Wang D，Wan K，Ma W. 2020. Emergency decision-making model of environmental emergencies based on case-based reasoning method. Journal of Environmental Management，262：110382.

第 11 章 场地土壤和地下水污染风险管理策略

针对地块尺度场地污染风险管理经验不足和精细程度不够等问题，在生产工艺分析、特征污染物分析和基础信息采集基础上，利用反向传播神经网络和支持向量机，依次开展场地污染风险分类和分级；利用 K 最近邻辅以层次分析，进行场地污染风险管控和修复方案推荐；根据场地生产状态（在产、关闭搬迁）、风险分类分级（高风险、低风险、无风险）和开发利用情况（拟开发利用、暂不开发利用），差异化地按照 9 个场景提出场地污染风险管理策略及其相应的具体措施。针对在产–高风险场地（场景 1），采取监督管理、源头预防、风险管控策略；针对在产–低风险场地（场景 2），采取监督管理、源头预防、风险管控策略；针对在产–无风险场地（场景 3），采取源头预防策略；针对关闭搬迁–拟开发利用–高风险场地（场景 4），采取监督管理、用地准入、风险管控和修复策略；针对关闭搬迁–暂不开发利用–高风险场地（场景 5），采取监督管理、风险管控策略；针对关闭搬迁–拟开发利用–低风险场地（场景 6），采取监督管理、风险管控和修复策略；针对关闭搬迁–暂不开发利用–低风险场地（场景 7），采取监督管理、风险管控策略；针对关闭搬迁–拟开发利用–无风险场地（场景 8），采取风险管控策略；针对关闭搬迁–暂不开发利用–低风险场地（场景 9），采取风险管控策略。

11.1 材料与方法

11.1.1 数据基础

场地土壤和地下水污染风险诊断案例（120 个），包括初步调查报告、详细调查报告、风险评估报告等（见 9.1.1 节）。场地土壤和地下水污染风险管控和修复方案推荐案例（274 个），涉及化学原料和化学制品制造业，有色金属冶炼和压延加工业，黑色金属冶炼和压延加工业，金属制品业，医药制造业，石油、煤炭及其他燃料加工业（见10.1.1 节）。

11.1.2 技术路线

针对场地土壤和地下水污染风险管理存在的问题，本书在资料搜集和文献调研基础上，提出科学问题。在生产工艺分析、特征污染物分析和基础信息采集基础上，利用反向传播神经网络（BPNN）（Ding et al.，2011；游颖等，2022；牛志娟，2016；付琦，2015）和支持向量机（SVM）（Piccialli and Sciandrone，2022；何云山，2021），依次开展场地污染风险分类和分级。利用 K 最近邻（KNN）辅以层次分析（AHP），进行场地污染风险管控和修复方案推荐。根据风险分类分级结果，结合场地生产状态和开发利用情况，按照九个场景差异化地提出场地污染风险管理策略及其相应的具体措施，进而形成场地污染风险管理策略（图11-1）。

图 11-1　技术路线

BPNN：反向传播神经网络；SVM：支持向量机；

KNN：K 最近邻；AHP：层次分析

11.2　结果与讨论

11.2.1　资料收集分析

考虑场地污染风险诊断、场地污染风险管控和修复方案推荐需求，参考资料清单（表 11-1），采集场地基本情况信息、场地及周边土壤和地下水污染信息、水文地质条件信息、敏感目标信息、环境管理水平信息等。

表 11-1　资料清单、应用及来源

序号	资料名称	应用（对应的信息）	来源
1	初步调查报告	企业基本信息、污染物名称、特征污染物、超标情况等相关信息	企业、生态环境主管部门
2	详细调查报告	企业基本信息、污染物名称、特征污染物、超标情况、污染空间分布等相关信息	企业、生态环境主管部门
3	风险评估报告	污染物名称、特征污染物、风险管控目标值、周边环境及敏感受体等相关信息	企业、生态环境主管部门
4	环境影响评价报告	企业基本信息、特征污染物、周边环境及敏感受体等相关信息	企业、生态环境主管部门
5	清洁生产审核报告	地块利用历史、企业平面布置、周边敏感受体、特征污染物等相关信息	企业，发展改革、生态环境等主管部门
6	排放污染物申报登记表	企业基本信息、固体废物储存量、危险废物产生量、排放污染物名称、在线监测装置、治理设施等信息	企业、生态环境部门
7	工程地质勘察报告	杂填土、埋深、渗透性等土壤和地下水特性相关信息	企业
8	平面布置图	生产区、储存区、废水治理区、固体废物储存或处置场等各个区域空间分布	企业
9	营业执照	企业名称、地址、营业时间	企业
10	土地使用证或不动产权证书	地址、位置、占地面积	企业
11	土地登记信息、土地使用权变更登记记录	地址、位置、占地面积及地块利用历史	自然资源主管部门

序号	资料名称	应用（对应的信息）	来源
12	区域土地利用规划	场地及周边用地类型、地块规划用途	自然资源、发展改革、规划等主管部门
13	危险化学品清单	危险化学品名称、产量或使用量、特征污染物	企业、安全生产监督管理主管部门
14	危险废物转移联单	固体废物转移量、危险废物名称、危险废物产生量	企业、生态环境主管部门
15	环境统计报表	固体废物储存量、危险废物产生量	企业、生态环境主管部门
16	土壤及地下水监测记录	土壤和地下水监测数据和污染相关信息	企业

11.2.2　现场踏勘和人员访谈分析

通过现场踏勘和人员访谈，核实场地及周边区域环境、敏感受体、建筑物、构筑物、设备、设施的现状及使用历史等已收集资料的准确性，获取文件资料无法提供的信息，如现场污染痕迹、防护措施、场地环境风险管理水平等。现场踏勘时，重点关注场地内可疑污染源，污染痕迹，有毒有害物质使用、处理、处置的场所或储存容器，建筑物，构筑物，污雨水管道管线，环境保护在线监测装置，排水沟渠，回填土区域，河流及场地周边 1km 范围内相邻区域，为确定场地是否位于工业园区、是否有环境保护在线监测装置、场地及周边 500m 内人口、场地周边地表水体和食用农产品产地等奠定基础。

11.2.3　生产工艺分析

利用初步调查报告、环境影响评价报告、清洁生产审核报告等，结合场地所属行业，分析生产工艺及其空间布局，进而分析大气污染物、水污染物和固体废物产生环节，为求取重点区域面积、场地占地面积、生产区面积、储存区面积、废水治理区面积、固体废物储存或处置区面积，识别土壤和地下水特征污染物迁移性和挥发性等奠定基础。

11.2.4   特征污染物提取

结合场地所属行业，考虑生产工艺和产排污环节，利用初步调查报告、详细调查报告、风险评估报告、环境影响评价报告、清洁生产审核报告、排放污染物申报登记表和危险化学品清单等，分析并提取场地土壤和地下水的特征污染物（宋权威等，2020），为超标的特征污染物筛选奠定基础。按照挥发性有机物（VOCs）、半挥发性有机物（SVOCs）、石油烃、重金属和有机物分类提取特征污染物。在进行分析时，还要考虑特征污染物的中间产物。

11.2.5   基础信息采集

结合利用收集的资料和现场踏勘结果，考虑生产工艺、产排污环节和特征污染物，采集所属行业、经营时间、场地现状、城市等级、土地利用规划、场地是否位于工业园区、地下水 VOCs 超标倍数、地下水 SVOCs 超标倍数、地下水石油烃超标倍数、地下水重金属和无机物超标倍数、土壤 VOCs 超标倍数、土壤 SVOCs 超标倍数、土壤石油烃超标倍数、土壤重金属和无机物超标倍数、干湿指数、包气带土壤渗透性、饱和带土壤渗透性、人群进入场地可能性、周边 500m 范围内人口、距离最佳饮用水源、场地内及周围范围内是否有成人和儿童、场地内及周围范围内是否有河流等 23 项信息，为场地污染风险诊断智能预测奠定基础。同时，采集行业类别，企业规模，地块是否位于工业园区或集聚区*，重点区域面积*，地块占地面积，生产区面积，储存区面积，废水治理区面积，固体废物储存或处置区面积，地块内职工人数*，地块内及周边 500m 范围内人口数量*，场地周边 1km 范围内是否有幼儿园*，场地周边 1km 范围内是否有学校*，场地周边 1km 范围内是否有居民区*，场地周边 1km 范围内是否有医院*，场地周边 1km 范围内是否有集中式饮用水水源地*，场地周边 1km 范围内是否有饮用水井*，场地周边 1km 范围内是否有食用农产品产地*，场地周边 1km 范围内是否有自然保护区*，场地周边 1km 范围内是否有地表水体*，地块所在区域地下水用途*，地块邻近区域（100m 范围内）地表水用途*，污染物对人体健康的危害效应，污染物挥发性，是否有杂填土等人工填土层*，地下水埋深*，饱和带渗透性*，地块所在区域是否属于喀斯特地貌，污染物迁移性，一般工业固体废物年储存量*，危险废物年产生量*，企业地块内部是否存在生产区，企业地块内部是否存在储存区，企业地块内部是否存在废水治理区域，企业地块内部存在固体废物储存或处置区，是否产生危险化学品，是否开展过清洁生产审核*，是否排放废气，是否有废气治理设施*，是否有废气在线监测装置*，是否产生工业废水，厂区内是否有废水治理设施*，是否有废水在线监测装置*，是否产生一般工业固体废物，厂区内是否有一般工业固体废物储存区，一般工业固体废物储存区地面硬化、顶棚覆盖、围堰围墙、雨水收集及导排等设施是否具备*，是否产生危险废物*，危险废物储存场所"三防"（防渗漏，防雨淋，防流失）措施是否齐全*，该企业产生的危险废物是否存在自行利用处置*，重点区域地表（除绿化带外）是否存在未硬化地面*，重点区域硬化地面是否存在破损或裂缝*，厂区内是否存在无硬化或防渗的工业废水排放沟渠、渗坑、水塘*，厂区内是否有产品、原辅材料、油品的地下储罐或输送管线*，厂区内是否有工业废水的地下输送管线或储存池*，厂区内地下储罐、管线、储水池等设施是否有防渗措施*等55项信息（*为必须采集的信息项），为场地污染风险管控和修复方案推荐奠定基础。

11.2.6　污染风险诊断

利用第9章中场地污染风险诊断智能预测模型，确定场地污染风险。其中，BPNN用于场地污染风险分类预测，分为无风险和有风险两个类别；SVM用于预测场地污染风险分级，分为低风险和高风险两个等级。

11.2.7　风险管控和修复方案推荐

利用第10章中场地污染风险管控和修复方案推荐系统，确定风险管控和修复方案（张秋垒等，2020）。其中，KNN辅以AHP用于目标案例与源案例之间的相似度计算。基于结构化层次存储和搜索技术，获取并展示相似度最高的3个源案例及相应的场地污染风险和修复方案供决策者参考。

11.2.8 分场景的风险管理策略制定

根据场地生产状态（在产、关闭搬迁）、风险分类分级（高风险、低风险、无风险）和开发利用情况（拟开发利用、暂不开发利用），差异化地分场景提出场地污染风险管理策略及其相应的具体措施（胡燕，2019；钟茂生等，2015）。无论在产场地还是关闭搬迁场地，无论开发利用场地还是暂不开发利用场地（沈城等，2020；程曦等，2017），高风险场地均是风险管理的重点。

1. 在产–高风险场地（场景1）

针对在产–高风险场地，采取监督管理、源头预防、风险管控策略（表11-2）。将场地纳入土壤污染重点监管单位名录和地下水污染防治重点排污单位名录，严控有毒有害物质排放，并按年度向生态环境主管部门报告排放情况。执行土壤污染隐患排查制度，按照《重点监管单位土壤污染隐患排查指南（试行）》（生态环境部公告 2021 年 第 1 号），一年开展两次土壤和地下水污染隐患排查，防止有毒有害物质渗漏、流失、扬散，建立台账及档案。按照《工业企业土壤和地下水自行监测技术指南（试行）》（HJ 1209—2021），制定和实施自行监测方案，一年监测 4 次表层土壤，一年监测两次深层土壤，一年监测 12 次 1km 范围内有敏感目标的一类单元地下水，一年监测 8 次 1km 范围内无敏感目标的一类单元地下水，一年监测 8 次 1km 范围内有敏感目标的二类单元地下水，一年监测 4 次 1km 范围内无敏感目标的二类单元地下水，研判监测结果变化趋势，监测数据报送生态环境主管部门并向社会公开。在排污许可证中载明《中华人民共和国土壤污染防治法》（简称《土壤污染防治法》）规定的相关义务。就隐患排查中发现的隐患，制定整改方案，不涉及绿色化改造或提标升级改造或防渗改造的整改措施（如制度完善）要立行立改，涉及绿色化改造或提标升级改造或防渗改造的措施要结合生产现状和资金实际因地制宜地逐步开展工程改造，如实施管道化、密闭化改造及物料、污水管线架空改造，对重点区域和重点设施设备进行防腐防渗升级、加装二次保护设施和泄漏检测设施等，且在未达到隐患整改要求前加大隐患点的日常检查和维护频次，并做好记录。围绕排污环节，对液体槽罐（特别是地下、半地下槽罐）、散装液体转运与厂区运输、货物储存和传输、生产装置区、废水排水系统、危险废物储存库等做好防渗防漏，一年开展两次地下或半地下槽罐、管线渗漏检测，防渗漏工程检测和性能评价。实施强制清洁生产审核，采用资源利用率高、污染物产生量少的工艺和设备，淘汰落后的生产技术、工艺、设备和产品，综合利用或循环使用生产过程中产生的废物和废水，实现"三废"（废水、废气、废渣）达标和减少污染物排放。开展场地周边土壤和地下水环境监测（监测频次同自行监测），防止场地土壤和地下水污染扩散外溢出厂界。参考11.2.7节，推选和实施以移除或清理污染源、阻断污染物迁移途径或切断污染物暴露途径为目标的风险管控技术，以避免新增污染、污染扩散和危害敏感目标。同时，在厂区显著位置设立标识牌，载明土壤及地下水污染情况、自行监测点位分布、自行监测因子和风险管控措施等信息。

表 11-2　在产场地污染风险管理策略与措施

序号	风险分类分级	管理策略	具体措施
1	高风险	监督管理	监管名录：纳入土壤污染重点监管单位名录+地下水污染防治重点排污单位名录
2			排污许可：在排污许可证中《土壤污染防治法》相关义务载明
3		源头预防	清洁生产：强制清洁生产审核
4			提标改造：生产工艺提标升级改造
5			隐患排查：现场隐患排查（一年两次），整改方案制定与实施，台账及档案建立
6			自行监测：场地内土壤和地下水监测（表层土壤一年监测 4 次，深层土壤一年监测两次，1km 范围内有敏感目标的一类单元地下水一年监测 12 次，1km 范围内无敏感目标的一类单元地下水一年监测 8 次，1km 范围内有敏感目标的二类单元地下水一年监测 8 次，1km 范围内无敏感目标的二类单元地下水一年监测 4 次），并将监测结果向公众公开
7		风险管控	周边监测：场地周边土壤和地下水环境监测（同自行监测）
8			日常监管：地下或半地下槽罐、管线渗漏检测（一年两次），防渗漏工程检测和性能评价（一年两次）
9			工程控制：以移除或清理污染源、阻断污染物迁移途径或切断污染物暴露途径为目标的风险管控技术筛选与实施
10			制度控制：制度控制措施制定与实施

续表

序号	风险分类分级	管理策略	具体措施
1	低风险	监督管理	监管名录：纳入土壤污染重点监管单位名录+地下水污染防治重点排污单位名录
2		源头预防	排污许可：在排污许可证中《土壤污染防治法》相关义务载明
3		风险管控	清洁生产：强制清洁生产审核
4			隐患排查：隐患排查（一年一次），整改方案制定与实施，台账及档案建立
5			自行监测：场地内土壤和地下水监测（表层土壤一年监测两次，深层土壤一年监测一次，1km 范围内有敏感目标的一类单元地下水一年监测 6 次，1km 范围内无敏感目标的一类单元地下水一年监测 4 次，1km 范围内有敏感目标的二类单元地下水一年监测 4 次，1km 范围内无敏感目标的二类单元地下水一年监测两次），并将监测结果向公众公开
6			周边监测：场地周边土壤和地下水环境监测（同自行监测）
7			日常监管：地下或半地下槽罐、管线渗漏检测（一年一次），防渗漏工程检测和性能评价（一年一次）
8			工程控制：以移除或清理污染源、阻断污染物迁移途径或切断污染物暴露途径为目标的风险管控技术筛选与实施
9			制度控制：以削减人体暴露于污染物风险及确保风险管控完整性的制度措施制定与实施，如设立标识牌
1	无风险	源头预防	清洁生产：强制清洁生产审核（涉及有毒、有害原料）
2			隐患排查：现场隐患排查（2~3 年一次），整改方案制定与实施，台账及档案建立
3			自行监测：场地内土壤和地下水监测（表层土壤一年监测一次，深层土壤三年监测一次，1km 范围内有敏感目标的一类单元地下水一年监测 4 次，1km 范围内无敏感目标的一类单元地下水一年监测两次，1km 范围内有敏感目标的二类单元地下水一年监测两次，1km 范围内无敏感目标的二类单元地下水一年监测一次），并将监测结果向公众公开
4			日常监管：地下或半地下槽罐、管线渗漏检测（2~3 年一次），防渗漏工程检测和性能评价（2~3 年一次）

注：高风险场地和低风险场地中污染物超标。

2. 在产-低风险场地（场景 2）

针对在产-低风险场地，采取监督管理、源头预防、风险管控策略（表 11-2）。将场地纳入土壤污染重点监管单位名录和地下水污染防治重点排污单位名录，严控有毒有害物质排放，并按年度向生态环境主管部门报告排放情况。执行土壤污染隐患排查制度，按照《重点监管单位土壤污染隐患排查指南（试行）》

（生态环境部公告 2021 年 第 1 号），一年开展一次土壤和地下水污染隐患排查，防止有毒有害物质渗漏、流失、扬散，建立台账及档案。按照《工业企业土壤和地下水自行监测技术指南（试行）》（HJ 1209—2021），制定和实施自行监测方案，一年监测两次表层土壤，一年监测一次深层土壤，一年监测 6 次 1km 范围内有敏感目标的一类单元地下水，一年监测 4 次 1km 范围内无敏感目标的一类单元地下水，一年监测 4 次 1km 范围内有敏感目标的二类单元地下水，一年监测两次 1km 范围内无敏感目标的二类单元地下水，研判监测结果变化趋势，监测数据报送生态环境主管部门并向社会公开。在排污许可证中载明《土壤污染防治法》规定的相关义务。就隐患排查中发现的隐患，制定整改方案，在未达到隐患整改要求前加大隐患点的日常检查和维护频次，并做好记录。围绕排污环节，对液体槽罐（特别是地下、半地下槽罐）、散装液体转运与厂区运输、货物储存和传输、生产装置区、废水排水系统、危险废物储存库等做好防渗防漏，一年开展一次地下或半地下槽罐、管线渗漏检测，防渗漏工程检测和性能评价。实施强制清洁生产审核，采用资源利用率高、污染物产生量少的工艺和设备，淘汰落后的生产技术、工艺、设备和产品，综合利用或循环使用生产过程中产生的废物和废水，实现"三废"达标和减少污染物排放。开展场地周边土壤和地下水环境监测（监测频次同自行监测），防止场地土壤和地下水污染扩散外溢出厂界。参考 11.2.7 节，推选和实施以移除或清理污染源、阻断污染物迁移途径或切断污染物暴露途径为目标的风险管控技术，以避免新增污染、污染扩散和风险扩大。同时，在厂区显著位置设立标识牌，载明土壤及地下水污染情况、自行监测点位分布、自行监测因子、风险管控措施、举报监督方式等信息。

3. 在产-无风险场地（场景 3）

针对在产-无风险场地，采取源头预防策略（表 11-2）。若场地使用有毒、有害原料进行生产或在生产中排放有毒、有害物质时，实施强制清洁生产审核。参考《重点监管单位土壤污染隐患排查指南（试行）》（生态环境部公告 2021 年 第 1 号），在首次开展系统性排查基础上，2~3 年开展一次土壤和地下水污染隐患排查，防止有毒有害物质渗漏、流失、扬散，建立台账及档案；按照《工业企业土壤和地下水自行监测技术指南（试行）》（HJ 1209—2021），制定和实施自行监测方案，一年监测一次表层土壤，三年监测一次深层土壤，一年监测 4 次 1km 范围内有敏感目标的一类单元地下水，一年监测两次 1km 范围内无敏感目标的一类单元地下水，一年监测两次 1km 范围内有敏感目标的二类单元地下水，一年监测 1 次 1km 范围内无敏感目标的二类单元地下水，监测数据报送生态环境主管部门并向社会公开。针对隐患排查中发现的隐患，制定和实施整改方案，并做好记录。围绕排污环节，对液体槽罐（特别是地下、半地下槽罐）、散装液体转运与厂区运输、货物储存和传输、生产装置区、废水排水系统、危险废物储存库等做好防渗防漏，2～3 年开展一次地下或半地下槽罐、管线渗漏检测，防渗漏工程检测和性能评价。

4. 关闭搬迁–拟开发利用–高风险场地（场景4）

针对关闭搬迁–拟开发利用–高风险场地，采取监督管理、用地准入、风险管控和修复策略（表 11-3）。纳入污染地块信息管理系统，并按程序开展风险管控和修复、效果评估、后期环境监管等；未完成风险管控和修复、效果评估等或未明确风险管控和修复责任主体时，不进行土地出让、划拨。将场地纳

表 11-3　关闭搬迁场地污染风险管理策略与措施

序号	风险分类分级	开发利用计划	管理策略	具体措施
1	高风险	拟开发利用	监督管理	监管名录：纳入建设用地土壤污染风险管控和修复名录
2				信息化管理：纳入污染地块管理信息系统
3				土地流转：未完成土壤污染状况调查、风险诊断、风险管控和修复、效果评估等或未明确风险管控和修复责任主体时，不进行土地出让、划拨
4				不动产登记：土地用途变更或在其土地使用权收回、转让前，将土壤污染状况调查报告作为不动产登记资料送交不动产登记机构并在生态环境主管部门备案
5				项目审批：未达到风险管控和修复目标时，不开工建设与风险管控和修复无关项目
6			用地准入	二次污染监管：监管风险管控和修复活动
7				土地用途准入：不作为住宅、公共管理与公共服务用地
8			风险管控和修复	生态空间规划：涉农药、化工等重点行业的场地用于拓展生态空间
9				程序化风险管控：按程序开展风险管控和修复、效果评估、后期环境监管等
10				拆除活动管控：拆除涉及有毒有害物质的设施、设备或建筑物、构筑物时，制定包括应急措施在内的土壤污染防治工作方案，报生态环境、工业和信息化主管部门备案并实施

续表

序号	风险分类分级	开发利用计划	管理策略	具体措施
1	高风险	暂不开发利用	监督管理	监管名录：纳入建设用地土壤污染风险管控和修复名录
2				场地污染监测：土壤和地下水污染状况监测（一年两次）
3				场地周边监测：土壤和地下水环境状况监测（一年两次）
4			风险管控	重点区域管控：隔离区域划定并根据风险诊断结果进行调整
5				拆除活动管控：拆除涉及有毒有害物质的设施、设备或建筑物、构筑物时，制定包括应急措施在内的土壤污染防治工作方案，报生态环境、工业和信息化主管部门备案并实施
6				工程控制：以移除或清理污染源、阻断污染物迁移途径或切断污染物暴露途径为目标的风险管控措施制定与实施，如灌浆墙、板桩墙
7				制度控制：以削减人体暴露于污染物风险及确保风险管控完整性为目标的制度措施制定与实施，如发布公告、设置围挡
1	低风险	拟开发利用	监督管理	土地流转：未完成土壤污染状况调查、风险诊断、风险管控和修复、效果评估等或未明确风险管控和修复责任主体时，不进行土地出让、划拨
2				不动产登记：土地用途变更或在其土地使用权收回、转让前，将土壤污染状况调查报告作为不动产登记资料送交不动产登记机构并在生态环境主管部门备案
3				项目审批：未达到风险管控和修复目标时，不开工建设与风险管控和修复无关项目
4				二次污染监管：监管风险管控和修复活动
5			风险管控和修复	程序化风险管控：按程序开展风险管控和修复、效果评估、后期环境监管等
6				拆除活动管控：拆除涉及有毒有害物质的设施、设备或建筑物、构筑物时，采取土壤和地下水污染防治措施
1	低风险	暂不开发利用	监督管理	污染监测：土壤和地下水污染状况监测（一年一次）
2				周边监测：土壤和地下水环境状况监测（一年一次）
3			风险管控	制度控制：以削减人体暴露于污染物风险及确保风险管控完整性为目标的制度措施制定与实施，如发布公告、设置围挡
4				拆除活动管控：拆除涉及有毒有害物质的设施、设备或建筑物、构筑物时，采取土壤和地下水污染防治措施
1	无风险	拟开发利用	风险管控	拆除活动管控：拆除涉及有毒有害物质的设施、设备或建筑物、构筑物时，采取土壤和地下水污染防治措施
1	无风险	暂不开发利用	风险管控	拆除活动管控：拆除涉及有毒有害物质的设施、设备或建筑物、构筑物时，采取土壤和地下水污染防治措施

注：高风险场地和低风险场地中污染物超标。

入建设用地土壤污染风险管控和修复名录，不作为住宅、公共管理与公共服务用地。涉农药、化工等重点行业的场地用于拓展生态空间。土地用途变更或在其土地使用权收回、转让前，将土壤污染状况调查报告作为不动产登记资料送交不动产登记机构并在生态环境主管部门备案。未达到风险管控和修复目标时，不开工建设与风险管控和修复无关项目。监管风险管控和修复活动，防止二次污染。拆除涉及有毒有害物质的设施、设备或建筑物、构筑物时，事先制定拆除活动污染防治方案，经备案后实施。

5. 关闭搬迁–暂不开发利用–高风险场地（场景 5）

针对关闭搬迁–暂不开发利用–高风险场地，采取监督管理、风险管控策略（表 11-3）。将场地纳入建设用地土壤污染风险管控和修复名录。划定隔离区域，并根据风险诊断结果调整隔离区域。一年开展两次场地土壤和地下水污染状况监测。一年开展两次场地周边土壤和地下水环境状况监测，分析污染物浓度变化趋势，判断是否发生污染扩散；发现污染扩散时，及时采取污染物隔离、阻断措施等。根据风险识别结果及场地特征，以移除或清理污染源、阻断污染物迁移途径或切断污染物暴露途径为目标制定与实施工程控制措施，防止或减少敏感目标对污染物的暴露。潜在工程控制措施有以移除或清理污染源为目的的原位固化/稳定化、原位热解吸、生物堆、原位生物通风等，以阻断污染物迁移途径为目的的泥浆墙、灌浆墙、板桩墙、土壤原位搅拌、土工膜和衬层、渗透性反应墙、监测自然衰减、增强型监测自然衰减等，以切断污染物暴露途径为目的的表面水泥硬化、敏感受体安全防护等。以削减人体暴露于污染物风险及确保风险管控完整性为目标制定与实施制度控制措施。制度控制措施有发布公告、设置围挡、设立标识牌、配备管控人员、信息监控与识别、表层土壤覆盖与定期巡查等。在标识牌上，载明场地基本信息、污染情况、责任人及举报监督方式等。同样，拆除涉及有毒有害物质的设施、设备或建筑物、构筑物时，事先制定拆除活动污染防治方案，经备案后实施。

6. 关闭搬迁–拟开发利用–低风险场地（场景 6）

针对关闭搬迁–拟开发利用–低风险场地，采取监督管理、风险管控和修复策略（表 11-3）。按程序开展风险管控和修复、效果评估、后期环境监管等；未完成土壤污染状况调查、风险诊断、风险管控和修复、效果评估等或未明确风险管控和修复责任主体时，不进行土地出让、划拨。土地用途变更或在其土地使用权收回、转让前，将土壤污染状况调查报告作为不动产登记资料送交不动产登记机构并在生态环境主管部门备案。未达到风险管控和修复目标时，不开工建设与风险管控和修复无关项目。监管风险管控和修复活动，防止二次污染。拆除涉及有毒有害物质的设施、设备或建筑物、构筑物时，事先制定拆除活动污染防治方案，经备案后实施。

7. 关闭搬迁–暂不开发利用–低风险场地（场景 7）

针对关闭搬迁–暂不开发利用–低风险场地，采取监督管理、风险管控策略（表 11-3）。一年开展一次场地土壤和地下水污染状况监测。一年开展一次场地周边土壤和地下水环境状况监测，分析污染物浓度变化趋势，判断是否发生污染扩散；发现污染扩散时，及时采取污染物隔离、阻断措施等。以削减人体暴露于污染物风险及确保风险管控完整性为目标制定与实施制度控制措施。制度控制有发布公告、设置围挡、设立标识牌、配备管控人员、信息监控与识别、表层土壤覆盖与定期巡查等。在标识牌上，载明场地基本信息、污染情况、责任人及举报监督方式等。同样，拆除涉及有毒有害物质的设施、设备或建筑物、构筑物时，事先制定拆除活动污染防治方案，经备案后实施。

8. 关闭搬迁–拟开发利用–无风险场地（场景 8）

针对关闭搬迁–拟开发利用–无风险场地，采取风险管控策略（表 11-3）。拆除涉及有毒有害物质的设施、设备或建筑物、构筑物时，事先制定拆除活动污染防治方案，经备案后实施。

9. 关闭搬迁–暂不开发利用–低风险场地（场景 9）

针对关闭搬迁–暂不开发利用–无风险场地，采取风险管控策略（表 11-3）。拆除涉及有毒有害物质的设施、设备或建筑物、构筑物时，事先制定拆除活动污染防治方案，经备案后实施。

11.2.9 风险管理策略制定流程

结合 11.2.1～11.2.8 节，构建场地污染风险管理策略制定流程，相应形成场地污染风险管理策略及其相应的具体措施（图 11-2）。

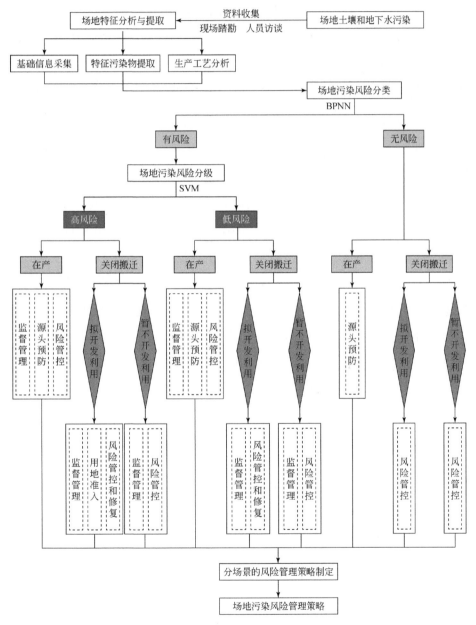

图 11-2 场地污染风险管理策略流程

BPNN：反向传播神经网络；SVM：支持向量机

11.3 小 结

（1）基于 BPNN、SVM、KNN、AHP 等，构建形成场地污染风险管理策略。在该策略中，在生产工艺分析、特征污染物分析和基础信息采集基础上，依次开展场地污染风险诊断、场地污染风险管控和修复方案推荐，并根据场地生产状态、风险分类分级和开发利用情况，差异化地分场景提出场地污染风险管理策略及其相应的具体措施。

（2）围绕在产场地，针对在产–高风险场地（场景 1），采取监督管理、源头预防、风险管控策略；针对在产–低风险场地（场景 2），采取监督管理、源头预防、风险管控策略；针对在产–无风险场地（场景 3），采取源头预防策略。

（3）围绕关闭搬迁场地，针对关闭搬迁–拟开发利用–高风险场地（场景 4），采取监督管理、用地准入、风险管控和修复策略；针对关闭搬迁–暂不开发利用–高风险场地（场景 5），采取监督管理、风险管控策略；针对关闭搬迁–拟开发利用–低风险场地（场景 6），采取监督管理、风险管控和修复策略；针对关闭搬迁–暂不开发利用–低风险场地（场景 7），采取监督管理、风险管控策略；针对关闭搬迁–拟开发利用–无风险场地（场景 8）和关闭搬迁–暂不开发利用–低风险场地（场景 9），均采取风险管控策略。

参 考 文 献

程曦，胡雪芹，涂震江，等 . 2017. 老工业基地搬迁改造污染场地再开发利用修复规划案例研究 . 中国人口·资源与环境，27（11 增刊）：54-57.

付琦 . 2015. 一种新的 KOHONEN 神经网络结构优化方法 . 制造业自动化，37（15）：143-145.

何云山 . 2021. 区域土壤重金属污染预测模型研究与应用 . 北京：北京信息科技大学 .

胡燕 . 2019. 工业遗产场地秩序重构策略 . 工业建筑，49（5）：32-35.

牛志娟 . 2016. 基于人工神经网络预测与分类的应用研究 . 太原：中北大学 .

沈城，刘馥雯，吴健，等 . 2020. 再开发利用工业场地土壤重金属含量分布及生态风险 . 环境科学，41（11）：5125-5132.

宋晋东，朱景宝，刘艳琼，等 . 2022. 基于支持向量机预测模型的高速铁路现地地震预警方法 . 中国铁道科学，43（5）：177-187.

宋权威，赵兴达，吴百春，等．2020. 高效液相色谱法测定炼化场地 5 种特征污染物．环境科学与技术，43（S2）：138-141.

游颖，王建，刘学刚，等．2022. 改进 BP 神经网络的钢结构应力缺失数据重构．建筑科学与工程学报，39（4）：166-173.

张秋垒，黄国鑫，王夏晖，等．2020. 基于案例推理和机器学习的场地污染风险管控与修复方案推荐系统构建技术．环境工程技术学报，10（6）：1012-1021.

钟茂生，姜林，张丽娜，等．2015. VOCs 污染场地风险管理策略的筛选及评估．环境科学研究，28（4）：596-604.

Ding S，Su C，Yu J，et al. 2011. An optimizing BP neural network algorithm based on genetic algorithm. Artificial Intelligence Review，36：153-162.

Piccialli V，Sciandrone M. 2022. Nonlinear optimization and support vector machines. Annals of Operations Research，314（1）：15-47.

第 12 章 场地污染风险管控可视化决策支持

针对现有场地污染风险管控辅助决策支持平台智能化水平不高、土壤和地下水环境大数据融合和挖掘不充分等问题，提出场地污染风险管控智慧型全景式决策支持概念模型。在该概念模型中，利用大数据价值发现优势，借助大数据平台和数据挖掘算法，实现场地地理位置、场地所属行业、贡献因子贡献率、空间聚类类型、地下水脆弱性空间分布、风险管控和修复方案推荐、风险管控效果评估预测、企业空间布局调整、风险管控和修复策略、风险分类分级、优先管控名录等结果有关全景信息的展示。在此基础上，依托大数据环境部署，利用数据完整度评估、数据去重、模糊查询、聚类分析、隐马尔可夫、K 最近邻等算法进行数据处理及挖掘分析，采用表格、图形、地图和单击交互等进行多层次多维度可视化映射，构建形成场地污染风险管控智慧型全景式可视化决策支持平台，具备疑似土壤污染企业研判，场地污染风险管控和修复方案推荐，场地污染风险管控技术比选，国家、区域和流域多尺度多源异构数据挖掘结果可视化展示等功能。

12.1 材料与方法

12.1.1 数据基础

全国土壤污染状况公报（200 条）、中国环境统计年鉴（9300 条）、全国工业企业污染产排及处理利用数据（161598 条）、疑似污染场地数据（1831个）、地质勘探钻孔数据（1321 条）、信访举报数据（5588000 条）等。

12.1.2　数据预处理

调整或剔除中国境外的数据。去除用电量等与土壤污染关联性不大的冗余数据。按照国家标准修订行政区划名称，根据未来用地规划提炼用地类型。对信访举报等非结构化数据进行热点词频提取。根据时间、行业、污染物类型等维度将数据进行汇总、聚集。通过增加同比、环比分析结果等增加特征维度/计算指标。

12.1.3　软硬件环境

1）硬件环境

管理服务器两台，用于 CDH Manager 管理和 Zookeeper 分布式协调服务，并作为 Hive 数据仓库入口；计算服务器 4 台，作为 Impala、Spark 的计算节点和 Hbase 节点，其中两台还用于 Zookeeper 分布式协调服务，并作为 Redis 数据库。服务器的核心组件为：CPU，12 核心、线程数 2 个/核心、主频 2.2GHz、三级缓存 16.5MB；内存，总容量 128GB、单挑容量 16GB、规格 DDR4、工作频率 2400MHz；磁盘，系统盘容量 600GB、数据盘容量 2TB、接口形式 SAS；RAID 卡，支持 RAID0、RAID1、RAID5、RAID10、RAID50、JBOD 等模式；网络，带宽 10Gbps；系统，CentOS 7.4（图 12-1 和图 12-2）。

2）软件环境

核心组件有 JDK 1.8、Python 3.7、Scala 2.11.x、OpenSSL、Niginx、Tomcat、Libgfortran 4.6+、Apache Hadoop 2.x、Apache Zookeeper 3.4.x、Apache Hive 2.1.x、Apache HBase 1.2.x、Hue 3.9.x、Apache Impala 2.12.x、Apache Parquet 2.1.x、Apache Spark 1.6.x、Apache Spark2 2.4.x、Redis 4.x、MongoDB 4.2.x、PostgreSQL 9.4.x、CDH 5.16、ArcGIS 10.2.2、Echart 4.8.0-release（图 12-2）。

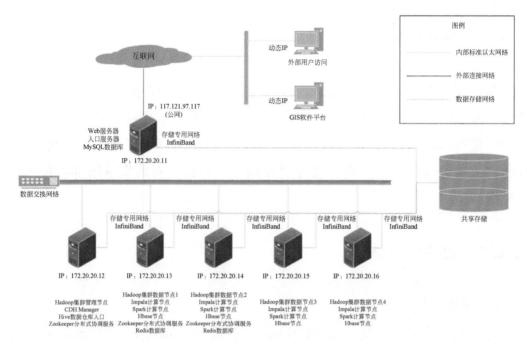

图 12-1 软硬件环境部署拓扑示意

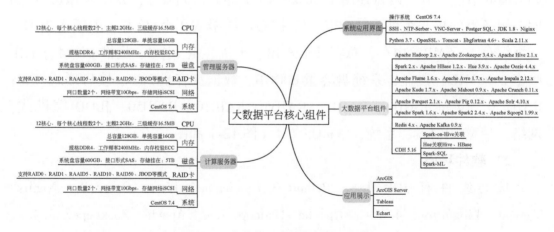

图 12-2 大数据平台软硬件核心组件

12.1.4 大数据平台架构

根据数据存储和处理需求，基于 CentOS 7.4 集群，运用 Hadoop 和分布式技术，搭建大数据平台架构（图 12-3）。平台架构均以"微服务"为理念，从大数据服务的视角提供数据价值应用。平台架构主要由数据平台层、后端服务层、前端服务层和数据访问层四个功能层组成（图 12-3）。

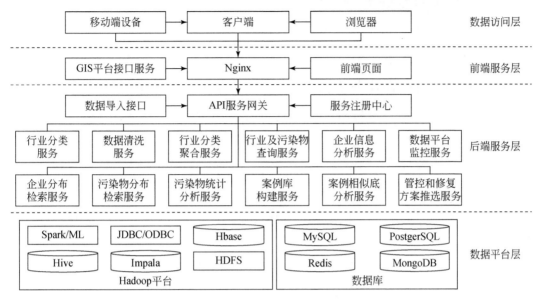

图 12-3　大数据平台架构

API：应用程序接口；HDFS：分布式文件系统

12. 1. 5　平台数据架构

考虑现在需求，留有未来扩展需求，以"融合"方式，构建可持续的大数据平台数据处理架构（图 12-4）。

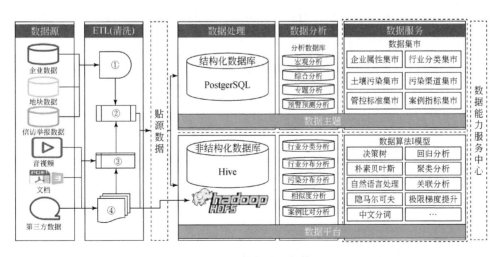

图 12-4　数据处理架构

HDFS：分布式文件系统

12.1.6　平台间互联互通

利用 PostgreSQL 对接数据库进行大数据平台与桌面版 ArcGIS 平台间的数据对接，其中前者根据业务逻辑将 ArcGIS 平台所需数据进行处理后将处理结果存入对接数据库，后者将对应的数据表导入 ArcGIS 平台（图 12-5）。

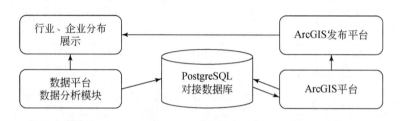

图 12-5　大数据平台与 ArcGIS 平台交互逻辑

12.1.7　数据挖掘与可视化

在概念化提出智慧型全景式可视化决策支持模型基础上，在大数据平台上，依托大数据环境部署，借助 Python 数据可视化工具、Fine BI 数据可视化工具、Matlab 数据可视化工具、Echart 数据可视化工具，利用数据完整度评估、数据去重、词频统计、模糊查询、描述性统计分析、主成分分析、聚类分析、隐马尔可夫、K 最近邻（Mansuy et al.，2014；Suominen et al.，2013）和无语意词库进行数据处理及挖掘分析。采用表格、图形、地图和单击交互等进行多层次多维度可视化映射，对统计数据、关系数据、地理空间数据、时间序列数据、文本数据进行挖掘分析与可视化展示。

12.1.8　平台运行环境

客户端使用无操作环境限制，可在 Windows/Linux 环境下运行；采用微软 Windows 或 Linux 平台计算机，运行的硬件环境配置见表 12-1；以本地浏览器模式运行，推荐的网络浏览器为 Google Chrome，其他浏览器因在视图显示方面略有差异而不推荐使用；使用普通个人计算机台式机或笔记本电脑，运行的软件环境配置见表 12-2。

表 12-1 硬件环境（客户端）

机器类型	配置信息	用途
普通个人计算机（台式机或笔记本电脑）	CPU，Intel 双核 1.5G（含）以上；内存，4G（含）以上内存；系统盘，100G（含）以上可用空间	通过 Google Chrome 浏览器访问服务器

表 12-2 软件环境（客户端）

名称	版本及参数	用途
操作系统	Windows10/CentOS 7/Ubuntu16.04	基础软件
浏览器	Google Chrome	提供客户端的运行环境

12.2 结果与讨论

12.2.1 平台主界面

主界面分为侧边导航栏、标题栏、工作区三个区域（图 12-6）。用户通过

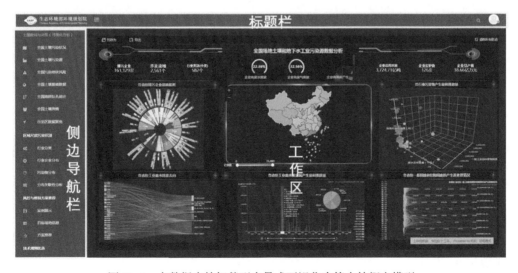

图 12-6 大数据支持智慧型全景式可视化决策支持概念模型

侧边导航栏进入相关页面执行所有操作。标题栏中折叠、收起图标可用于侧边导航栏的收缩、打开。工作区是各个应用场景、各个功能模块的主要操作区域。平台具有多尺度土壤数说与决策（可视化分析）、疑似土壤污染企业研判、场地污染风险管控和修复方案推荐、场地污染风险管控技术比选等功能（图 12-6）。

12.2.2 平台登录界面

登录界面见图 12-7。输入用户名和密码，单击【登录】即可登录系统（图 12-7）。

图 12-7 登录界面

12.2.3 土壤数说与决策

国家、区域和流域尺度多源异构数据挖掘分析的可视化展示见图 12-8 ~ 图 12-20。在进行数据挖掘和可视化展示过程中，主要使用表格、地图（散点图、热力图、聚类图等）和图形（南丁格尔玫瑰图、雷达图、旭日图等），可进行信息钻取和单击交互（图 12-8 ~ 图 12-20），充分挖掘多源异构数据价值，实现数据说话。

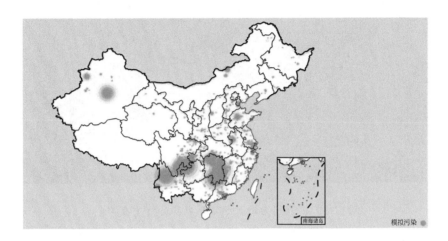

图 12-8　疑似污染场地分布图（聚类图）

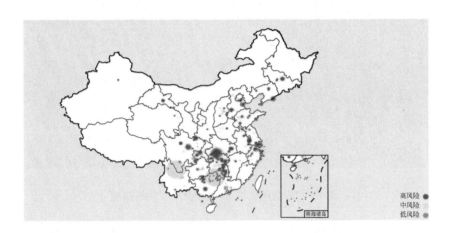

图 12-9　污染场地风险等级分布图（聚类图）

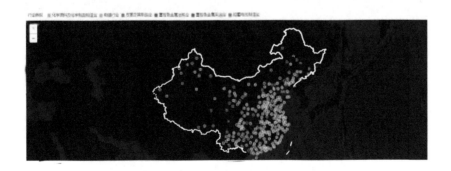

图 12-10　中国部分地区重金属污染企业分布（散点图）

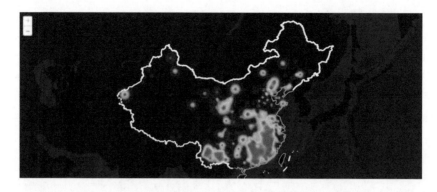

图 12-11　中国部分地区土壤 As 污染分布（热力图）

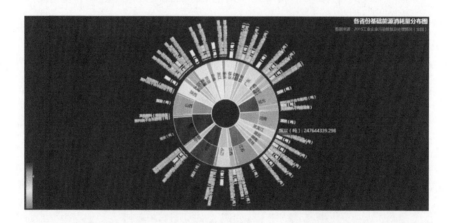

图 12-12　全国土壤 As 污染分布（旭日图）

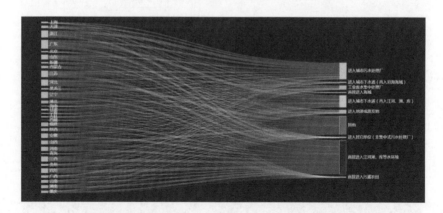

图 12-13　全国污染物排放去向分布（桑基图）

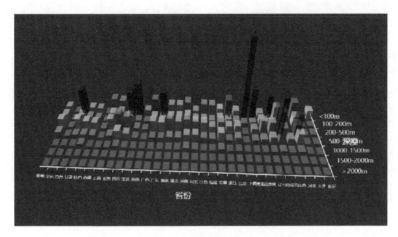

图 12-14　全国重要地质钻孔分布（柱状图）

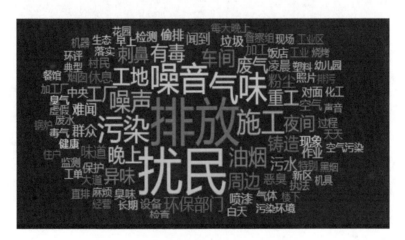

图 12-15　全国舆情词频统计（词云图）

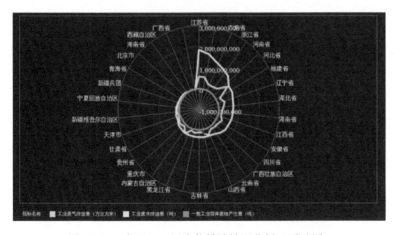

图 12-16　全国工业污染物排放情况分析（雷达图）

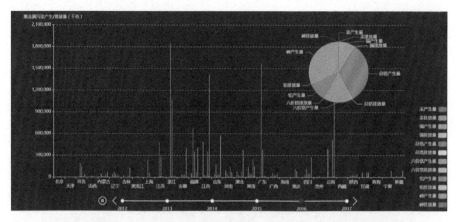

图 12-17　多省区市重金属污染物产生与排放量（柱状图）

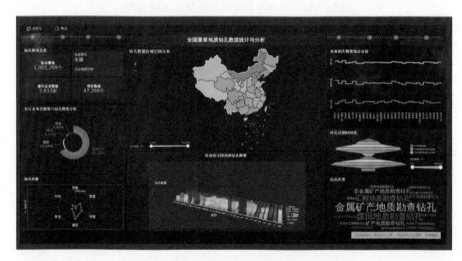

图 12-18　全国重要地质钻孔数据统计分析页面

图 12-19　广东省重要地质钻孔数据统计分析页面

图 12-20　全国舆情数据统计分析页面

12.2.4　疑似土壤污染企业研判

疑似土壤污染企业研判页面见图 12-21。基于自然语言处理、隐马尔可夫、朴素贝叶斯等，通过引入摘要中热词权重构建改进型朴素贝叶斯模型，从兴趣点的预测结果中提取疑似土壤污染企业数据涉及的中类行业，将其对应的企业作为疑似土壤污染企业。利用反距离加权分别展示疑似土壤污染企业空间分布、土壤污染物空间分布。利用双变量局部莫兰指数（Hu et al., 2021）建立二者的空间聚类关系（图 12-21）。

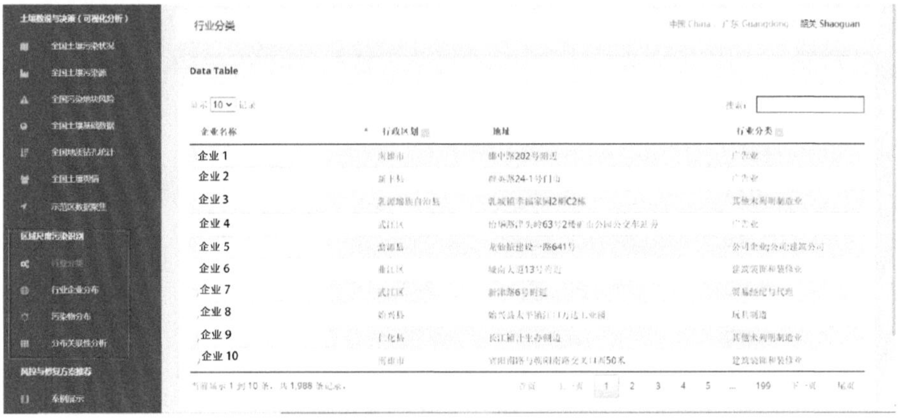

图 12-21　疑似土壤污染企业研判页面

12.2.5 风险管控和修复方案推荐

场地污染风险管控和修复方案推荐系统导航页面见图 12-22，相应的案例库中源案例展示页面见图 12-23。利用 K 最近邻（蔡胜胜和卜凡亮，2019；张凯岚，2017；郑昌兴和刘喜文，2016；张茉莉等，2015），辅以层次分析，构建场地污染风险管控模式推荐指标体系，确定各个指标的比选规则，计算目标案例与源案例之间的相似度，进而推荐出相似度最高的 3 个源案例及相应的场地污染风险和修复方案供决策者参考（图 12-22 和图 12-23）。

图 12-22　场地污染风险管控和修复方案推荐系统导航页面

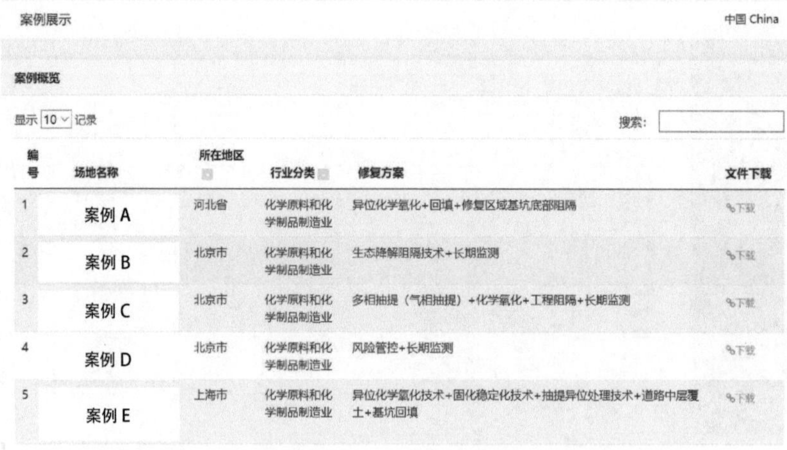

图 12-23　场地污染风险管控与修复方案案例库中源案例展示页面

12.2.6　风险管控技术比选

基于含有 58 项风险管控技术的场地污染风险管控技术库，在前端可按照技术分类（按修复机理）、技术分类（按土壤位置变化）、技术分类（按管控手段）、针对环境介质、针对污染物类型、地区特殊情况（不适用限制条件）、地区特殊情况（适用性限制条件）、参考成本或修复周期等九个条件进行查询。查询后，推荐符合查询条件的全部风险管控技术。此外，通过切换不同的技术名称，还可查看相应技术的基本信息、技术性质和概念图。在后台，当查询条件满足要求后，根据前端页面请求表单数据中发送的查询条件对技术库中技术进行筛选，并将查询结果返回给前端页面（图 12-24）。

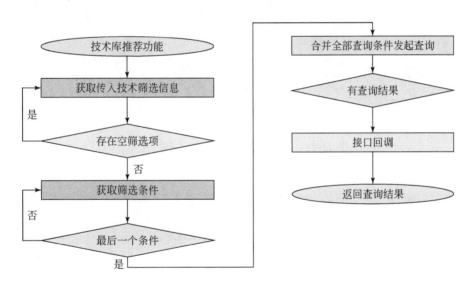

图 12-24　风险管控技术展示后台处理逻辑

12.2.7　数据分析与可视化应用

对三个市级尺度和一个流域尺度的土壤和地下水污染数据进行挖掘分析，得到的可视化结果见图 12-25 ～ 图 12-29。经数据挖掘分析，可视化展示市级尺度及流域尺度的土壤采样点位（位置、污染物种类、浓度、污染程度）、地下水采样点位（位置、污染物种类、浓度、污染程度）、地表水采样点位（位置、污染物种类、浓度、污染程度）、底泥采样点位（位置、污染物种类、浓度、污染程度）、企业（位置、数量）、固体废物堆场（位置、数量）和源汇聚类关系（高–高、高–低、低–高、低–低、不显著）、土壤污染源（排污企业、企业数量、废水排放量、废气排放量、危险废物产生量和处理量、污染物排放量）等数据的分析结果（图 12-25 ~ 图 12-29）。

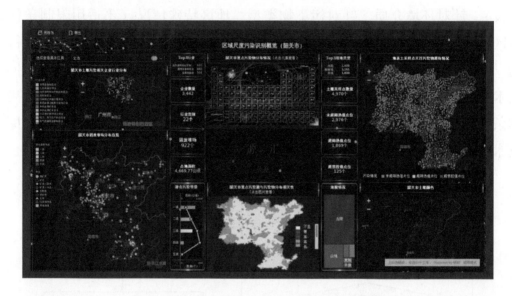

图 12-25　市级尺度土壤污染源识别可视化

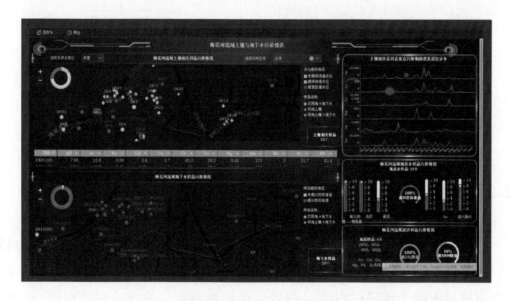

图 12-26　流域尺度土壤和地下水污染情况统计分析图

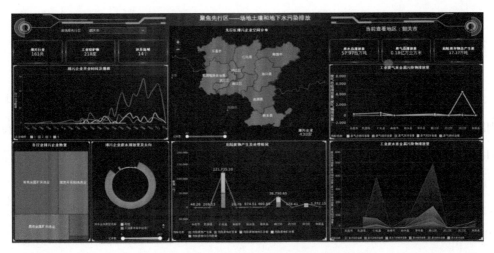

图 12-27　城市 1 的市级尺度土壤污染物识别

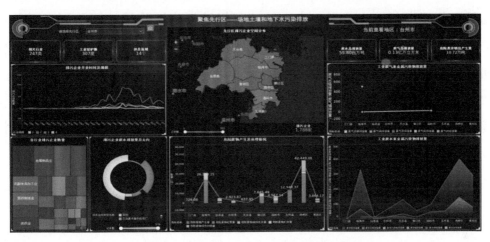

图 12-28　城市 2 的市级尺度土壤污染物识别

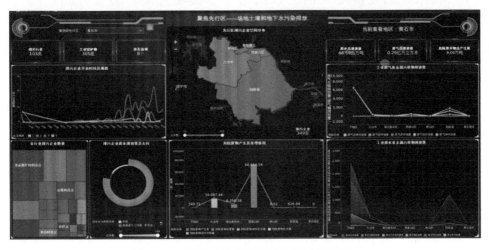

图 12-29　城市 3 的市级尺度土壤污染物识别

12.2.8　决策支持平台及其可视化对比分析

目前，现有研究多利用通用的绘图软件、平台和技术构建管理决策支持平台和进行可视化展示，如通过 Sufer 软件、AutoCAD 软件、Golden Software Voxler 三维绘图软件、Visual Studio 和 ArcGIS 开发平台及 WebGIS 技术等表现不同污染区域和不同风险区域的基本情况，认识土壤污染物的性质和空间分布特征，展示研究对象和周围环境的联系等（Campos et al.，2014；王圣伟等，2020；李晓璇等，2017；展漫军等，2014）。但是，目前面向场地污染复杂环境要素，基于多源异构数据和数据挖掘分析的场地污染风险管控决策支持平台及其可视化研究却较为少见。本书构建的场地污染风险管控智慧型全景式可视化决策支持平台借助大数据环境部署，利用数据完整度评估、数据去重、模糊查询、聚类分析、隐马尔可夫、K 最近邻等进行数据处理及挖掘分析，采用表格、图形、地图和单击交互等进行多层次多维度可视化映射，具有土壤数说与决策、疑似土壤污染企业研判、场地污染风险管控和修复方案推荐、场地污染风险管控技术比选等功能，具有一定的先进性。

12.3　小　　结

（1）利用数据完整度评估、数据去重、模糊查询、聚类分析、隐马尔可夫、K 最近邻等进行数据处理及挖掘分析，采用表格、图形、地图和单击交互等进行多层次多维度可视化映射，实现场地污染风险管控智慧型全景式可视化表达。

（2）场地污染风险管控决策支持平台具备土壤数说与决策、疑似土壤污染企业研判、场地污染风险管控和修复方案推荐、场地污染风险管控技术比选等功能。

参 考 文 献

蔡胜胜，卜凡亮 . 2019. 基于案例推理和规则推理的公安突发事件辅助决策算法 . 计算机与现代化，(9)：
7-11.

郭书海，吴波，张玲妍，等. 2017. 土壤环境大数据：构建与应用. 中国科学院院刊，32（2）：202-208.

李晓璇，张斌，万正茂，等. 2017. Golden Software Voxler 在污染场地调查与风险评估方面的应用. 科学技术与工程，17（8）：317-323.

王圣伟，张畅，张月，等. 2020. 流域重金属生态风险评估 WebGIS 系统设计. 计算机工程，46（4）：279-286.

展漫军，赵鹏飞，杭静，等. 2014. Surfer 软件和 AutoCAD 在污染场地调查及风险评估中的应用. 环境监测管理与技术，26（6）：30-34.

张凯岚. 2017. 基于案例推理与神经网络的建筑成本预测研究. 长春：吉林大学.

张茉莉，袁鹏，宋永会，等. 2015. 基于案例推理的突发环境事件应急管理案例库构建技术研究. 环境工程技术学报，5（5）：386-392.

郑昌兴，刘喜文. 2016. 基于规则推理和案例推理的应用模型构建研究——以地震类突发事件为例. 情报理论与实践，39（2）：108-112.

Campos P T, Freitas M V, Paula S L C, et al. 2014. Three-dimensional data interpolation for environmental purpose：lead in contaminated soils in southern Brazil. Environmental Monitoring and Assessment，186（9）：5625-5638.

Hu B, Shao S, Ni H, et al. 2021. Assessment of potentially toxic element pollution in soils and related health risks in 271 cities across China. Environmental Pollution，270：116196.

Mansuy N, Thiffault E, Paré D, et al. 2014. Digital mapping of soil properties in Canadian managed forests at 250 m of resolution using the k-nearest neighbor method. Geoderma，235-236：59-73.

Suominen L, Ruokolainen K, Tuomisto H, et al. 2013. Predicting soil properties from floristic composition in western Amazonian rain forests：Performance of k-nearest neighbour estimation and weighted averaging calibrationournal. Journal of Applied Ecology，50（6）：1441-1449.

| 第 13 章 | 结论与展望

13.1 结　　论

本书针对当前场地污染协同防治关键管理和技术需求，融合环境科学、大数据科学和人工智能学，基于源汇理论和大数据理论，借助大数据技术，以区域和地块两个尺度为重点，开展了场地土壤和地下水污染协同防治基础理论、机理原理、技术方法和应用实践研究，得出的主要结论如下。

（1）围绕区域尺度地下水环境敏感性评价研究，提出了区域地下水脆弱性分析技术。在 DRASTIC 模型基础上，新增土地利用类型参数，构建 DRASTICL 模型；采用反向传播神经网络（BPNN）确定 DRASTICL 模型中各个参数的权重；在此基础上，构建形成 BPNN-DRASTICL 模型。BPNN-DRASTICL 模型减少了 DRASTICL 模型参数赋予权重过程中人为主观的影响，实现了客观权重赋值。

（2）围绕区域尺度土壤污染与污染源关系构建研究，提出了区域土壤污染与工业企业空间相关关系分析方法。核密度估计（KDE）用于分析重点行业企业的聚集离散程度和空间分布特征；反距离权重用于获取土壤重金属人为源污染空间分布特征；双变量局部莫兰指数（BLMI）用于建立重金属人为源污染与重点行业企业的相关关系。在研究区中，在各个聚集区，不同重金属人为源污染与不同重点行业企业的相关关系在空间上具有一定的相似性。

（3）围绕区域尺度土壤污染源解析研究，提出了区域土壤重金属污染贡献因子识别混合框架。利用自然语言处理、改进型朴素贝叶斯和隐马尔可夫对兴趣点数据进行中类行业分类，进而识别疑似土壤污染企业；借助随机森林（RF）辅以反距离加权和九个环境协变量预测土壤重金属浓度及其空间分布；使用 RF 评估贡献因子对土壤重金属浓度的贡献；运用 BLMI 建立土壤重金属浓度与环境协变量的空间聚类关系。该混合框架实现从定量贡献评估和定性空间聚类两个角度分析土壤重金属污染的贡献因子,并可获得丰富的贡献因子信息。

(4) 围绕区域尺度土壤污染风险区划研究,提出了区域土壤重金属污染风险分区分级技术。借助 RF 预测土壤重金属浓度和计算每个环境协变量的相对重要性;使用反距离加权表征重金属浓度的空间分布;运用模糊 c 均值确定风险区分类的最佳数量和划分重金属污染的风险区域;根据土壤重金属污染和环境协变量特点识别风险区等级,提出有针对性的风险管控策略。在研究区中,划分和识别出 4 个土壤污染风险区,其中 1 个高风险区、1 个中风险区和两个低风险区。

(5) 围绕区域尺度土壤和地下水污染源空间管制研究,提出了区域在产企业空间布局调整技术。基于多源异构数据,利用 BPNN、熵权法、ArcGIS 可视化、KDE 和加权 Voronoi 图等,依次开展地下水脆弱性评价、土地适宜性评价、污染源荷载分析、企业布局调整类型划分、企业空间布局调整范围划定和企业空间布局调整策略制定等。在研究区,搬迁调整型企业主要分布在中部,可调整至土壤污染较轻的整合聚集型企业所在区域。

(6) 围绕地块尺度土壤和地下水污染风险评价研究,提出了场地土壤和地下水污染风险评价方法。稀释衰减模型和局部灵敏度分析法用于筛选土壤和地下水污染风险评价指标;层次分析法和加权求和法用于建立土壤和地下水污染风险评价方法。局部灵敏度分析法实现了污染物释放可能性指标筛选,减少了指标筛选的主观性。

(7) 围绕地块尺度地下水污染风险评价研究,提出了场地地下水污染动态风险评价方法。参考已有标准规范,借助过程分析法,建立基于风险筛查的场地地下水污染静态风险评价方法;考虑地下水污染扩散,建立基于数值模拟的场地地下水污染扩散风险评价方法;在此基础上,建立耦合风险筛查和数值模拟的场地地下水污染动态风险评价方法。地下水污染静态风险评价相比地下水污染动态风险评价可能趋于保守。

(8) 围绕地块尺度土壤和地下水污染风险预测研究,提出了场地土壤和地下水污染风险诊断智能预测模型。考虑污染源–迁移途径–敏感受体风险三要素,建立场地污染风险智能诊断案例库;采用 BPNN 进行场地污染风险分类；借助支持向量机（SVM）进行场地污染风险分级；在此基础上，构建形成基于 BPNN 和 SVM 的场地污染风险诊断模型。利用该模型确定 65 个有风险案例中存在 22 个高风险案例。

（9）围绕地块尺度土壤和地下水污染管控修复，提出了场地污染风险管控和修复方案推荐系统构建技术。通过结构化层次存储和搜索技术，运用案例推理和机器学习，构建场地污染风险管控和修复方案推荐系统，实现快速搜索查找匹配源案例；通过研究案例库实现途径和内容，进行风险管控和修复方案推荐系统的结构设计和系统开发，建立基于 Web 技术的案例检索查询页面；采用 K 最近邻（KNN）和层次分析在案例库中检索相似案例，实现风险管控和修复方案推荐功能。

（10）围绕地块尺度土壤和地下水污染风险管理研究，提出了场地土壤和地下水污染风险管理策略。借助 BPNN 和 SVM 分别进行场地污染风险分类和分级；采用 KNN 辅以层次分析进行场地污染风险管控和修复方案推荐；根据场地生产状态、风险分类分级和开发利用情况，差异化地按照九个场景制定场地污染风险管理策略及其相应的具体措施。针对在产–高风险场地应采取监督管理、源头预防、风险管控策略。

（11）围绕土壤和地下水污染信息化监管研究，提出了场地污染风险管控可视化决策支持平台。利用大数据价值发现优势，借助大数据平台和数据挖掘算法，构建形成场地污染风险管控智慧型全景式可视化决策支持平台，实现场地信息的多层次多维度可视化映射，具备疑似土壤污染企业研判、场地污染风险管控技术比选、场地污染风险管控和修复方案推荐、多尺度多源异构数据挖掘结果可视化展示等功能。

13.2　展　　望

本书提出了大数据驱动场地土壤和地下水污染协同防治的技术、方法、模型、系统、策略和平台，健全了场地污染防治技术方法体系，厘清了场地污染协同防治的大数据驱动原理机理，但受研发时间、实验条件及笔者水平等诸多因素的限制，仍有不少问题有待解决，还需在某些方面开展深入研究，为此提出以下展望。

（1）受现有数据和实验条件制约，区域地下水脆弱性分析技术、区域土壤污染风险分区分级技术、区域土壤污染与工业企业空间相关关系分析方法、场地污染风险管控和修复方案推荐系统等研究成果的预测性能仍有提升潜力。建议进一步扩大多源异构数据量、开发新的方法验证手段，以期提高它们预测结果的精确性与准确性。

（2）虽然对已开发的场地土壤和地下水污染风险诊断智能预测模型、区域在产企业空间布局调整技术和场地地下水污染风险动态评估方法等研究成果进行了参数优化，但是并未对这些研究成果开展不确定性分析，在构建有关指标体系时存在诸多主观因素，在它们的推广应用上也有待加强。建议尽快开展研究成果的不确定性分析，研发性能更优越的客观权重赋值方法和程序，以期提高研究成果的客观性和适用性。

（3）尽管提出了大数据支持的场地污染协同防治技术、方法、模型、系统、策略和平台，但是已开发的研究成果并不支持场地内部整体或局部区域的污染调查、污染识别、污染溯源、风险评价、管控修复、效果评估、后期环境监管等工作。建议尽快开展相关研发工作，厘清相应的大数据驱动机理，以期为场地内部土壤和地下水污染协同防治提供技术支持。